コア講義
分子生物学

田村隆明 著

裳 華 房

Essentials of Molecular Biology

by

TAKA-AKI TAMURA   Ph. D.

SHOKABO

TOKYO

まえがき

　この度，生物学を専門としない学生が教養課程で使用するための分子生物学の教科書，「コア講義 分子生物学」を刊行することとなった．多岐にわたる分子生物学のトピックスを平易な言葉で記述しながらも，専門学術の教科書としてのスタイルをしっかりと備えている本書を，初学者諸君に自負をもってお勧めしたい．
　分子生物学は生物学の一分野であるが，なぜ分子生物学が選ばれたのか．これには相当の理由がある．一つには「遺伝とその周辺の生命現象を分子の言葉で語る」という分子生物学のコンセプトがあげられる．分子生物学は万人が理解できる明解さを特徴としているが，このことは分子生物学が確かな学問体系を成していることを意味する．分子生物学は分子遺伝学を基軸にし，そこに細胞生物学や発生生物学といった他の基礎生物学を取り込むことによって学際的な学問に発展し，さらには人の生理現象や病気をエレガントに説明できたことにより，あらゆる階層の人々の心をつかむことに成功した．さらに重要なポイントは，関連する数多くの技術である．分子生物学は目的とする遺伝子を純粋に得たり，それを細胞に入れて個体を作り出すことを可能にし，さらには試験管内で特定DNAを大量に増やしたり，ある遺伝子の働きを無能力化するなどの関連技術を生み出した．これらの主要なものはノーベル賞の対象になり，現代社会に深く浸透している．今や分子生物学なしにわれわれの生活を語ることはできず，分子生物学的思考方法は，生物にかかわる事象を正しく理解するために欠くことのできないものとなっている．分子生物学が，大学生の教養の一つとして授業科目に加えられるべき教科であることが，理解頂けたのではなかろうか．
　生物学専攻学生が専門課程に進む前に修得する，いわゆる専門基礎課程に標準を合わせた分子生物学の教科書は，現在かなり充実しているが，非生物系から文系学生までを対象として作られた教科書は意外に少ない．上述のよ

うに，教養科目として分子生物学を学ぶ必要性が増している現在，エッセンスは逃さずに，比較的短時間で，しかも無理のない形で分子生物学に触れられる書籍の充実が図られるべきである．本書はそういう意図をもって企画された．本書は分子生物学が扱う多用な領域を一定の授業時間内（例：半期15回の講義）でつかめるように工夫されている．全体は14章からなっているが，まずはじめに分子生物学の導入に欠かせない遺伝や細胞，さらには分子や代謝について概説し，続いて分子生物学の基軸である分子遺伝学的テーマとして，複製，変異／組換え／修復，転写，翻訳を扱い，次いで周辺学問領域である発生現象と細胞機能について述べる．後半では，今日的かつ一般的な話題として，癌をはじめとした種々の病気，細菌とウイルス，バイオ技術（遺伝子組換えを含む）というテーマを選び，それらを分子生物学的視点から紹介する．以上のように，本書は比較的広い範囲のテーマを扱ってはいるが，全体のボリュームは決して多いわけではなく，余裕をもって1章を1回の講義で学べるように構成されている．専門書を読む場合の障壁となる専門用語の使用は厳選して最小限に留め，なるべく普通の言葉で記述することを心掛けた．そのため原語（英語）標記は行っていない．難解な部分には「解説」を別につけ，話題やトピックスは「Column」に記し，学習状況の確認用に演習問題を設けた．

　少しでも多くの読者が分子生物学の雰囲気に触れられるようにと作ったが，著者が考えたようなものに仕上ったかどうかの判断は，それぞれの読者に委ねたい．本書が分子生物学の理解者を少しでも増やすことに貢献できれば，作り手としてこれ以上の喜びはない．なお，本書は裳華房の筒井清美，野田昌宏両氏の並々ならぬ努力によって完成したものであり，この場を借りて心より感謝の意を表します．

　平成19年7月

梅雨明け間近の西千葉キャンパスにて

田 村 隆 明

目　　次

1. 生物の特徴と細胞の性質
- 1・1　生物の条件 ………………………………………………… *1*
- 1・2　生物を分類してみよう …………………………………… *2*
- 1・3　生物の基本単位「細胞」 ………………………………… *4*
- 1・4　生物と水 …………………………………………………… *8*

2. 分子と生命活動
- 2・1　物質の単位「分子」 ……………………………………… *10*
- 2・2　生物は多くの分子からできている ……………………… *12*
- 2・3　生物に含まれる主な分子の種類 ………………………… *13*
- 2・4　細胞では化学反応が起こっている ……………………… *15*

3. 遺伝や変異にはDNAが関与する
- 3・1　遺伝について知ろう ……………………………………… *19*
- 3・2　生物は変異し，多様化し，進化する …………………… *22*
- 3・3　遺伝子の役割とは何か？ ………………………………… *24*
- 3・4　遺伝子はDNAである …………………………………… *25*

4. DNAの複製，変異と修復，組換え
- 4・1　DNAの性質 ……………………………………………… *28*
- 4・2　DNAの複製 ……………………………………………… *30*
- 4・3　DNAの変異とそれを修復する細胞の働き ……………… *33*
- 4・4　DNAは組み換わる ……………………………………… *35*

5. 転写：遺伝情報の発現とその制御
- 5・1 RNAとは ………………………………………………… *37*
- 5・2 RNAは多様で働きもさまざまである ……………… *39*
- 5・3 RNA合成：転写 ………………………………………… *40*
- 5・4 生命現象の原動力：転写の制御 ……………………… *42*
- 5・5 RNAは合成された後いろいろと変化する ………… *44*

6. 翻訳：RNAからタンパク質をつくる
- 6・1 RNAの塩基配列をアミノ酸配列に読み替える「翻訳」……… *46*
- 6・2 翻訳が完了するまでにはいくつか段階がある …… *48*
- 6・3 突然変異による翻訳への影響 ………………………… *50*
- 6・4 翻訳が終わってからの出来事 ………………………… *51*

7. 染色体は多様な遺伝情報を含む
- 7・1 染色体 ……………………………………………………… *55*
- 7・2 クロマチンの構造 ……………………………………… *57*
- 7・3 真核生物のゲノムはさまざまな種類のDNA配列からできている *58*
- 7・4 ゲノムレベルの遺伝子変動 …………………………… *60*
- 7・5 塩基配列に支配されない遺伝：エピジェネティックス ……… *61*

8. 細胞の分裂，増殖，死
- 8・1 真核細胞の分裂増殖には周期性がある …………… *64*
- 8・2 細胞周期のコントロール ……………………………… *66*
- 8・3 細胞増殖調節にかかわる因子：p53とRB ………… *68*
- 8・4 生殖細胞をつくる特殊な細胞分裂：減数分裂 …… *69*
- 8・5 細胞死にも秩序がある ………………………………… *70*

9. 発生と分化：誕生するまでのプロセス
- 9・1 発生・分化の概要 ································· 73
- 9・2 受精から器官ができるまで ························· 74
- 9・3 ショウジョウバエの研究によりわかったボディープラン ··· 77
- 9・4 元と異なる細胞が生まれる分化のしくみ ············· 78
- 9・5 分化細胞を補充する現象：再生 ····················· 79

10. 細胞間および細胞内情報伝達
- 10・1 細胞に情報を伝える：細胞間情報伝達 ·············· 82
- 10・2 細胞内情報伝達 ·································· 84
- 10・3 細胞内で情報を媒介する分子 ······················ 86
- 10・4 電気的興奮がかかわる情報伝達：神経興奮 ·········· 89

11. 癌：突然変異で生じる異常増殖細胞
- 11・1 正常細胞が癌細胞に変わるとき ···················· 91
- 11・2 癌はウイルスによっても起こる ···················· 94
- 11・3 細胞には癌抑制にかかわる遺伝子もある ············ 97
- 11・4 癌という病気の特徴 ······························ 98

12. 健康維持と病気発症のメカニズム
- 12・1 体を守るシステム：免疫 ························· 100
- 12・2 中枢神経細胞の死 ······························· 105
- 12・3 老化と寿命 ····································· 106
- 12・4 生活習慣病 ····································· 107

13. 細菌とウイルス

13・1　微 生 物 ………………………………………………… *109*
13・2　細菌の増殖 ……………………………………………… *110*
13・3　細菌のもつゲノム以外の遺伝要素 …………………… *113*
13・4　ウイルス：生物か無生物か？ ………………………… *116*

14. バイオ技術：分子や個体の改変と利用

14・1　分子生物学の基礎技術 ………………………………… *118*
14・2　遺伝子組換え（組換えDNA技術）…………………… *123*
14・3　個体を扱う技術 ………………………………………… *124*

参考書 …………………………………………………………… *127*
索　引 …………………………………………………………… *128*

イラスト：三浦雅子

Column

細胞内共生説：真核細胞の中に原核生物がいる？ ……… 8
分子生物学で使われる生物 ………………………………… 9
動物が生きるエネルギーの源は太陽 ……………………… 18
遺伝子，DNA，ゲノムの区別 ……………………………… 27
RNA ワールド ………………………………………………… 40
乳糖存在下で乳糖オペロンが発現するしくみ …………… 43
RNA 干渉（RNAi）…………………………………………… 44
タンパク質が増える？　プリオンによる狂牛病の発症 … 53
なぜオスが必要か？ ………………………………………… 62
アポトーシス実行までにはいろいろな経路がある ……… 72
プロテインキナーゼがリレーのように働く機構 ………… 88
脂溶性リガンドは特殊なシグナル伝達機構を使う ……… 88
ストレス応答にもシグナル伝達がかかわる ……………… 89
癌細胞にテロメラーゼが出現する ………………………… 93
肝炎ウイルスは癌ウイルス ………………………………… 95
逆転写で増えるレトロウイルス …………………………… 96
免疫不全という病気とエイズ ……………………………… 103
カロリーを取り過ぎると寿命が縮む？ …………………… 107
リケッチアという特殊な細菌 ……………………………… 110
あなどれない結核 …………………………………………… 113
細菌感染症と薬のイタチごっこ …………………………… 115
遺伝子多型 …………………………………………………… 121
クローン動物 ………………………………………………… 125

解 説

化学結合の種類は複数ある	11
生殖細胞変異と体細胞変異	22
劣性遺伝子の本質は機能を欠いた遺伝子	25
「遺伝物質＝DNA」を示す別の実験	26
A型，B型，Z型DNA，三本鎖DNA	30
テロメラーゼはRNAからDNAをつくる	33
転写範囲：遺伝子の別の定義	42
プロテオーム	54
DNAの複雑性	56
精子ではもっとコンパクトなクロマチンになっている	58
類似遺伝子のよび方	60
タンパク質リン酸化酵素	66
複製のライセンスを一度だけ与える	68
卵の方向性：動物極と植物極	75
個体発生は系統発生を繰り返す	76
口のでき方で動物を二つに分けることができる	78
アゴニスト（作動薬）とアンタゴニスト（拮抗薬）	83
癌と腫瘍	92
癌細胞の2大条件	93
発癌物質をイニシエーターとプロモーターに分類できる	94
ワクチン	102
血漿と血清	103
単クローン抗体	104
腐敗と発酵	110
利己的DNA	115

1 生物の特徴と細胞の性質

　生物の特徴は「自己増殖」「遺伝」「細胞」である．生まれてきた子は親と似るが，これを遺伝という．生物は大きく原核生物，真核生物，古細菌に分けられ，いずれも細胞からなる．細胞は細胞膜で囲まれており，内部の細胞質の中に核やミトコンドリアなど，生命活動に必要な多くの構造物が含まれている．細胞の大部分は水であるが，水には生命を支える物質としての，優れた特徴が備わっている．

1·1　生物の条件

　植物は動かないので，動くものが生物ということはない．植物や魚のように体温が外気と同じ生物も多く，温かいことが生物の条件でもなさそうだ．生物の体内では化学反応が起こっているが，化学反応は電池や実験室の試験管の中でも起こる．

　生物とはどのようなものを言うか？　ネズミはどんどん増える．実はこの「自分自身で増える」性質が生物の特徴となっている．さらに増える前（親）と後（子）を見ると，子は親と同じ形態や性質（両方合わせて**形質**という）をもっている．この現象を「遺伝」というが，この性質も，生物の重要な条件の一つである（注：後述するように，低い割合で変わり者も生まれる）．第三に，どの生物も柔らかいという特徴をもつ．これは後述するように，生物の体が柔らかな細胞から成り立っていることによる．つまり「自己増殖」「遺伝」「細胞」が生物の条件である（図 1·1）．

---

1. 自己増殖能をもつ
2. 遺伝現象を示す*
3. 細胞を基本に成り立つ

図 1·1　生物の条件
　*：ある程度の変異を許容する

乾いた種は何年間も保存できるので，無生物のようである．しかし，水や栄養などの生育条件が揃うと発芽し成長するので，発芽前の種は休眠状態にあるといえる．寄生生物という，ほかの生物の栄養を吸い取って生きるものがある（ヤドリギという植物や，吸血性のヒルなど）．しかしこれら生物も，栄養が与えられれば自己増殖すると考えられ，いずれも生物の定義から外れるものではない．

1・2　生物を分類してみよう

1・2・1　一般的な生物の分類

a. 五界説による分類：感覚的に，生物の世界には動物界と植物界があることがわかる．「動物」は口から食物を食べ，活発に移動できるものが多い．「植物」は緑色の色素（葉緑素）をもって光合成（光があると，水と炭酸ガスから糖分を合成する）を行う．根から栄養分を吸収し，一般には，わずかに運動することはあっても，移動しない．上の二つとは別に，自然界にはより単純で小さな生物が数多く存在している．酵母（一般に酵母菌というもの），カビ，キノコなどは「菌類」に分類され，アメーバやミドリムシなどの単一細胞からなる生物群は，「原生生物」に分類される．これら生物は動物とも植物とも言い難い．たとえば酵母はキノコと同類だが遺伝子は動物に近く，ミドリムシは激しく動き口から餌を食べるが，葉緑素をもつ．単一細胞からなるもので，構造が最も簡単な生物は「細菌類（モネラ界）」に含まれる（大腸菌や結核菌など）．生物を五つに分類するこの考え方を「五界説」という（注：これ以外にも，いくつかの方法がある）．

b. 動物の分類：ヒト（生物学では人間をこうよぶ）は動物だが，分類的にはどのような位置にあるのだろうか？　動物界にはサンゴやミミズのような単純なものから，昆虫や貝のようなより複雑なものもある．最も進化した動物は，背骨（脊椎）をもつが，脊椎動物の中には魚類，両生類（カエル，イモリなど），は虫類（ヘビ，カメ，ワニなど），鳥類，そして母乳で子どもを育てる哺乳類が含まれる．哺乳類が最も進化した動物と考えられ，ここにはイヌやサルなどが入り，ヒトもこの仲間である．

1・2・2 分子生物学は生物を三つに分類する

a. 生物の分類：生物の分類は，ともすれば分類基準により変わってしまう．分子生物学は生命現象の普遍性の解明を目標の一つとしており，より明確な基準で生物を分類する必要があり，細胞内部の核が膜（核膜）で包まれているかどうかという分類基準が用いられる．核膜に包まれた核をもつものを**真核生物**，もたないものを**原核生物**という．原核生物には細菌類が含まれ，それ以外の生物はすべて真核生物に分類される（図1・2）．

この分類法は生物の形や複雑性とは関係ない．真核生物は原核生物より多くの遺伝子をもち，染色体はDNAにヒストンというタンパク質が結合したクロマチンという構造をもつが（57頁参照），原核生物の染色体は裸の

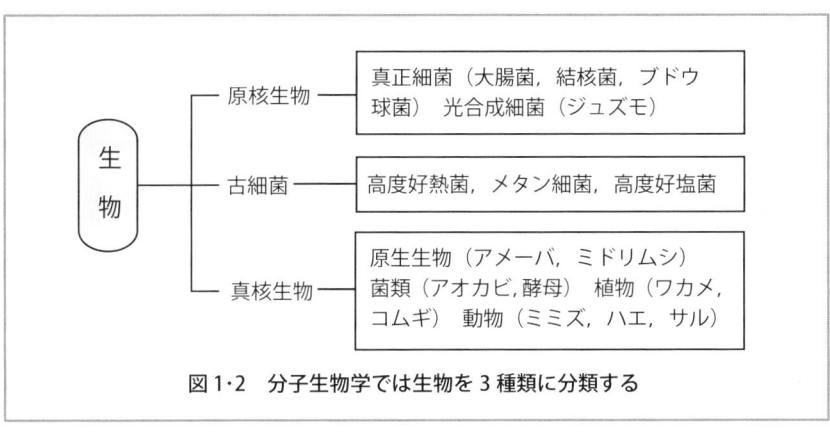

図1・2 分子生物学では生物を3種類に分類する

表 1・1 原核生物と真核生物の比較

	原核生物	真核生物
核（核膜）	ない	ある
細胞小器官	ない	ある
DNAの状態	裸のDNA	タンパク質の結合したクロマチン
核相（遺伝子セット）	一倍体	二倍体（以上）
細胞分裂	無糸分裂	有糸分裂
遺伝子数	少ない（〜4000）	多い（5000〜3万）
細胞数	単細胞	単〜多細胞

DNAである（表1・1）．遺伝子の発現様式やそれにかかわる調節機構は真核生物の方がはるかに複雑である（5章参照）．真核生物は有糸分裂（染色体に細い繊維が付き，染色体を両端に引っ張る）という方法で分裂する．原核生物は遺伝子を1組しかもたないが（一倍体），多くの真核生物は2組の遺伝子をもつ（二倍体）．

b. 第三の生物：原核生物様の形態や細胞をもつものの，遺伝子発現に関する特徴が真核生物に似ている第三の生物群が発見され，**古細菌**として独立の生物界に括られている（注：五界説では細菌類に入る）．古細菌の中には，沸騰水中や毒性のあるイオウやメタンガスのある場所，さらには塩分の濃いところでも生育できるものが含まれ，太古の地球に生息していた生物のなごりと考えられる（図1・2）．

1・3 生物の基本単位「細胞」

1・3・1 生物は細胞からできている

生物の体はレゴブロックの人形のように，多数の小さなパーツからできている．パーツは目で見えないほど小さく，またいろいろな種類があり，さらにそれらがバラバラにならないように工夫されている．生物をつくるこのパーツを**細胞**（英語ではcell〔小部屋〕）という．細胞は柔らかな袋のようなもので，大きさはおよそ10～200マイクロメートル（μm: 1マイクロメートルは1ミリメートルの千分の1）と小さい．

1個の細胞からなる生物を単細胞生物，多くの細胞からなる生物を多細胞生物という．われわれが普段目にする生物は後者で，単細胞生物（細菌類や原生生物類）は肉眼では見えない．多細胞生物は数百～数10兆個の細胞からなっている．

1・3・2 真核生物の細胞の構造

a. 細胞膜：細胞の外側にある薄い膜で，脂質（油のこと）からできている．油が主成分のために水を通さず，細胞の仕切りとして好都合である．水に溶ける物質は簡単には細胞膜を通過できないが，外から必要な物質（栄養分としての糖やアミノ酸，ミネラル分，水など）を取り入れたり，外部の生物学

的刺激物質（ホルモンや増殖因子など）のシグナルを受け取るため，細胞膜にはいくつものタンパク質が埋め込まれている．

b. 細胞質：細胞内部のドロドロした物質を細胞質といい，たくさんの物質が溶けている．ここにはリボソームという，タンパク質合成のためのごく小さな粒子（複数のRNAとタンパク質からなる）が多数浮遊している．細胞質の中には袋状の小さな構造物が何種類か含まれているが，それらを総称して**細胞小器官**といい，以下のようなものがある（図1・3）．

c. 核：最も大きな細胞小器官で，細胞の中に一つだけある．細胞の種類によらずその大きさは10マイクロメートル（前頁参照）とほぼ一定である．内部に遺伝情報をもつ染色体を含む．

d. 小胞体：核の周辺に広がっている迷路のような袋状構造で，核から出た物質やタンパク質の通路になる．リボソームが結合する場合もある．小胞体がちぎれ，内部の物質が輸送されたり，細胞の外に出される現象もみられる．

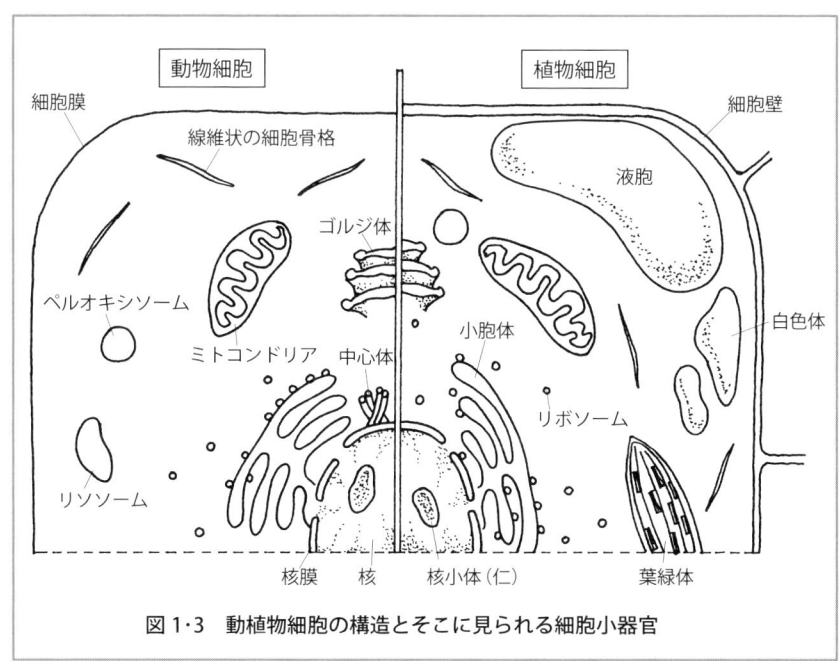

図1・3　動植物細胞の構造とそこに見られる細胞小器官

e. ミトコンドリア：細胞に多数存在し，酸素を使ってエネルギーをつくる．

f. その他：このほかにもいくつかの種類の細胞小器官（脂肪の燃焼〔分解してエネルギーを得る〕にかかわる**ペルオキシソーム**，物質を分解する**リソソーム**，タンパク質の加工をする**ゴルジ体**〔ゴルジ装置〕など）がある．袋状構造ではないが，動物細胞にある**中心体**は，細胞分裂のときに染色体を引っ張る繊維を束ねる中心となる．

1・3・3　細胞の運動

細胞質は均一な液状ではなく，局所的に物質が液体から固体に，あるいはその逆へと常に変化している．このため，細胞はその形を維持したり，変化させたり，あるいは運動することができる．運動性は，リンパ球による異物の呑込み（貪食）や，癌の転移にも関係する．

細胞内にはエネルギーを使って動くモータータンパク質（ミオシンなど）がいくつも存在し，筋肉収縮運動や，細胞内で物質を動かす現象などにかかわる．顕微鏡で細胞を観察すると細胞質が動いている像が見えるが，この原形質流動といわれる現象も（原形質＝細胞膜，細胞質，その内部の必須な細胞小器官の総称）モータータンパク質によって起こる．

1・3・4　植物細胞

植物細胞は細胞膜の外側に丈夫な**細胞壁**をもつ．このため，細胞自体が動物細胞にくらべて頑丈にできているが，これは体を支えるために必要なことである（注：動物にはある骨をもっていないため）．植物の葉は緑色をしているが，これは細胞が葉緑素を含む特別の細胞小器官である**葉緑体**をもつためである．

1・3・5　細胞の形や機能の多様性

多細胞生物をつくる細胞は，大きさ，形，機能が多様である．細胞の大きさは，赤血球のように10マイクロメートル（μm）のものから卵（卵子）のように大きなものまである（例：ダチョウ卵の細胞は数cm〔卵黄の部分〕）（図1・4）．神経細胞では，神経繊維が1mに及ぶものもある．細胞の形もさまざまで，筋肉細胞のように細長いものから皮膚の細胞のように扁平なもの，あるいは腸の細胞のように毛（**絨毛**）をもつものなどがある．細胞の形は機

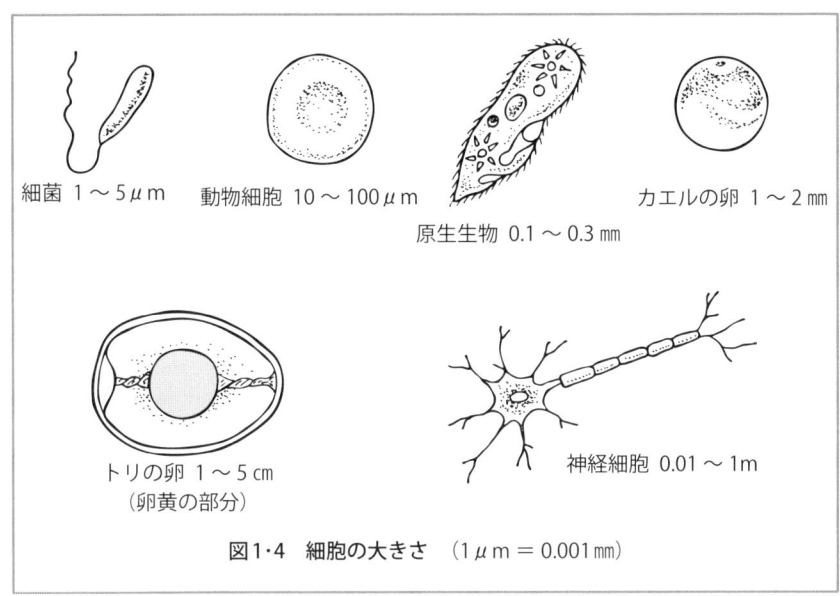

図1・4　細胞の大きさ　（1μm＝0.001mm）

能に関連し，骨や毛も細胞からできている．生存とは直接関係ないが，細胞が特定の物質を蓄える場合がある．代表的なものとして，色素，デンプン（植物の場合），脂肪，カルシウム（骨細胞），ヘモグロビン〔血の赤い色〕（赤血球），沃素／ヨード（甲状腺）がある．

1・3・6　多細胞生物の特徴：組織と器官

多細胞生物をつくっている細胞は一定のまとまりをもっており，同質の細胞が集まっている状態を**組織**という（例：表皮，筋肉，葉）．組織中の一つ一つの細胞は互いに接着していて，バラバラにはならないが，これは細胞には細胞を認識し，同じ細胞であれば互いに結合し合うという性質があるためである（注：細胞表面の特殊なタンパク質の働きによる）．組織がいくつか集まって一つのまとまった働きをもつものを**器官**という（例：肺と気管は呼吸器官であり，筋肉と骨は運動器官をなし，消化器官は口／胃／腸などからなり，花びら／おしべ／めしべ／がくは集まって植物の生殖器官をなしている）．

1・3・7 細菌の細胞

原核生物である細菌の内部は，細胞質にリボソームが浮遊しているといった簡単な状態で，細胞小器官は存在しない．染色体（この場合は裸のDNA）はまとまって存在しているが，それを包む核膜はない．細胞の強度を保つため，細胞膜の周辺には細胞壁という固い構造がある（植物の細胞壁とは成分が異なる）．種類によっては付着のための**繊毛**や，遊泳のための**鞭毛**をもつ．

Column

細胞内共生説：真核細胞の中に原核生物がいる？

真核生物が生まれた経緯についての学説で，まず原始生物から古細菌と原核生物が生まれ，次に古細菌の内部に原核生物（細菌）が入り込み，その結果 共生関係ができ上がったという説である．この際入り込んだ細菌は，酸素を使って呼吸する種類であり，これがミトコンドリアになったと考えられる．さらに，そこに光合成細菌が入り，葉緑体となって植物が生まれたと考えられる．この説は，ミトコンドリアや葉緑体が自前のDNAをもち，その遺伝子の使い方が細菌に近いため，恐らく正しいと考えられている．これらの細胞小器官は細胞質内で増えるが，独立しては生存できず，生物とはみなされない．

1・4 生物と水

生命は水の中から生まれたため，生物と水との関係は非常に深い．生物／細胞の約70％は水である．水は小さな物質の割には蒸発しにくく，細胞から失われにくい．また，温まりにくいが冷めにくいため，体温を保つのに有利であり，さらに，いろいろな物質を溶かすことができる．

細胞中の水には少量の塩分などが含まれているが，この量（食塩に換算して0.9％）は海水よりは少なく，真水よりは多い．体液（血液など）の塩分濃度も，細胞内のそれと同じになるようにホルモンなどで調節されており，塩分調節が狂うといろいろな病気（高血圧症，腎臓病，むくみ）の原因となる．

海水魚は塩分を常に排出し，逆に淡水魚は塩分を積極的に取り入れている．

　酸っぱいという性質は酸性といい（酢やレモン．これをpHが低いという），逆の性質をアルカリ性という（石灰水など．これをpHが高いという）．中間の場合は中性という．純粋な水は中性である．生物体内は中性に維持されており，極端な酸性やアルカリ性の中で生きることはできない．ただ胃（酸性）や十二指腸（アルカリ性）のように，部分的には中性でないところもある．

Column

分子生物学で使われる生物

　分子生物学は，基本的に生命活動の原理の解明を目指すため，生物材料としては，研究しようとする性質をもつことはもちろんだが，遺伝子情報が多くて扱い易く，よく増えるものが適している．増殖速度，すなわち2倍になる時間（これを世代時間という）は短いほどよく，変異体の得やすさに直結する．よく使われる生物としては，大腸菌，酵母，ショウジョウバエ，シロイヌナズナ（ダイコンに近縁の植物），マウスなどがある．組織から細胞をバラバラにして取り出し，それを試験管の中で培養する「細胞培養」は，世代時間を大幅に短縮できる．

　生物を二つに大別する場合，分類の基準にするものと，大別されたそれぞれの名称を答えなさい．結核菌，酵母（菌），ジュズモ（光合成細菌の一種），マリモ（水草の一種），アオカビはそれぞれどちらに分類されるか．

2 分子と生命活動

　物質の基本単位は種々の原子が結合した分子である．生物はたくさんの分子をもつが，その中心は炭素を含む有機物で，糖，脂質，タンパク質，そして核酸といった種類がある．タンパク質や核酸は単位となる分子が多数結合した巨大な分子で，核酸の一つ「DNA」には遺伝情報が保存されている．生物体内で起こる化学反応「代謝」は酵素の働きで常温でもスムースに進む．生物は呼吸によって得たエネルギーで高エネルギー物質ATPをつくり，さまざまな生命活動に利用する．

2・1　物質の単位「分子」

2・1・1　元素と原子

　すべての物質は約110種類の**元素**（例：酸素，銅，ウラン）を基本単位として成り立っている．元素の実体は**原子**という小さな粒子（100億分の1メートル程度）である．原子は陽子，中性子，電子という，さらに小さな共通の素粒子からできている（図2・1）．電子はマイナスの電気をもつが，軽いため，原子から容易に出入りする．陽子はプラスの電気をもつ．通常は電子と陽子の数が等しく，原子は電気的に中性である．元素の種類は陽子の数で決まる（例：水素＝1，酸素＝8）．

2・1・2　原子が電気の性質を帯びることが化学反応の原動力

　原子から電子が出たり（電気的にプラスになる）入ったり（マイナスになる）することで，原子は電気を帯びた**イオン**となる（イオン＝電気を帯びた原子あるいは分子）．同じ電気は反発し，異なる電気は引き合う（図2・1）．物質が化学反応する（結合や解離）ことは，これら電気を帯びた原子の相互作用にほかならない．

2·1·3 分 子

原子が共有結合で（解説参照）強く結合したものを**分子**という（図2·1）．水は1個の酸素と2個の水素が，食塩はナトリウムと塩素が1個ずつ，ショ糖(砂糖)は11個の酸素と12個の炭素に22個の水素が結合したものである．異なる元素からなる分子を化合物ともいう．分子も部分的に電気を帯びて，化学反応に参加する．物質という用語を分子と同じく使うこともある．

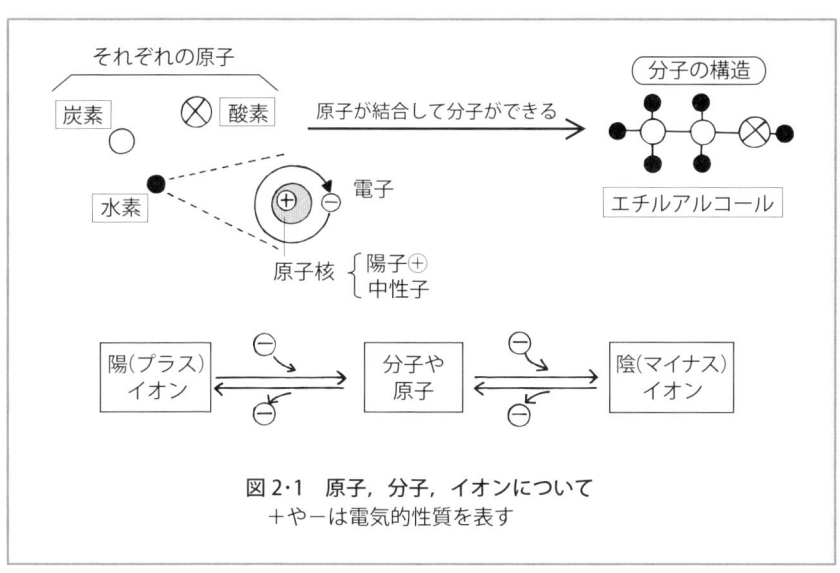

図2·1 原子，分子，イオンについて
＋や－は電気的性質を表す

| 解 説 | 化学結合の種類は複数ある |

電子を二つの原子が共有するタイプの**共有結合**は結合力が強い．簡単には切れず，分子の骨格をつくるのに使われる．結合にはこのほか**イオン結合，疎水結合，水素結合**などという弱い結合があり，分子の全体的な構造の保持や，分子同士のゆるい引き付け合いに関与する．弱い結合は熱などによって簡単に壊れる．

2·2 生物は多くの分子からできている

2·2·1 細胞は酸素,炭素,水素,窒素などの元素を含む

通常の細胞に含まれる元素の種類とその比率はほぼ一定である.重量にして最大の元素は酸素（64%）で,これに炭素（18%）,水素（10%）,窒素（3%：主にタンパク質と核酸に含まれる）が続く.これら主要四元素は細胞構築のために使われる.次に多い元素は,カルシウム（骨に多い）,リン（細胞膜や核酸に多い）,イオウ（タンパク質に多い）,ナトリウム,カリウム,塩素,マグネシウムであり（1〜0.1%）,さらに微量元素として亜鉛,鉄（赤血球に多い）,コバルト,銅,マンガンなども存在する（0.05〜0.001%>）.

2·2·2 生物をつくる分子

a. 有機物と無機物：分子は有機物と無機物に分けられる（図2·2）.前者は炭素を含み,後者は含まない（注：一酸化炭素や二酸化炭素〔炭酸ガス〕は例外的に無機物に入る）.有機物にはオレイン酸（食用油の成分）やプロパン（ガス）,セルロース（脱脂綿の成分）などが含まれる.無機物には酸素やイオウのように一つの元素からなるもの,鉄やマグネシウムのような金属,塩化ナトリウム（食塩）,硫酸アンモニウム（肥料に使われる）,水晶などのような塩類／鉱物質（ミネラル）が含まれる.有機物は生命のないところでもできるが,概して生物と関連して存在する.

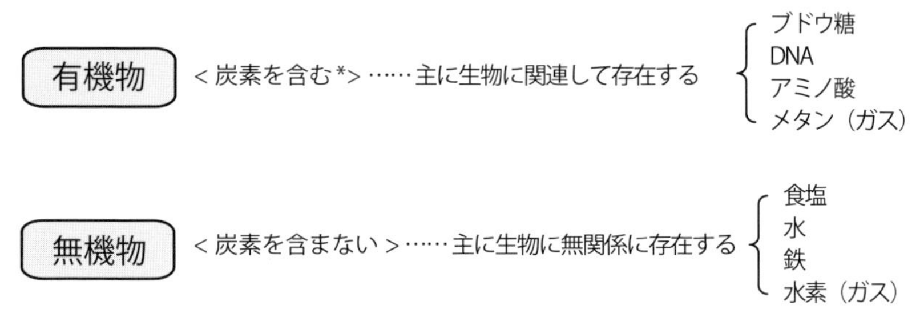

```
有機物  <炭素を含む*> …… 主に生物に関連して存在する { ブドウ糖
                                                DNA
                                                アミノ酸
                                                メタン（ガス）

無機物  <炭素を含まない> …… 主に生物に無関係に存在する { 食塩
                                                    水
                                                    鉄
                                                    水素（ガス）
```

図2·2 物質を二つに分ける
*：一酸化炭素,二酸化炭素（炭酸ガス）は無機物に分類される

b. 分子の大きさ：分子の大きさ，あるいは重さ（分子量）を表す基準としてダルトンという用語を用いる．1 ダルトンは炭素原子の重さの 12 分の 1 である．水素，酸素，カルシウムはそれぞれ 1，16，40 ダルトンである．分子のダルトン数（＝分子量）は原子のダルトン数の総和となる．分子の大きさはアスパラギン（アミノ酸の 1 種：132 ダルトン）やブドウ糖（180 ダルトン）のような比較的小さな低分子から，タンパク質や DNA，あるいはデンプンのように，分子量が数千ダルトン以上の高分子（あるいは巨大分子）までさまざまである．高分子は単位となる低分子の有機物が連なった構造をしている（＝重合分子）．

2・3　生物に含まれる主な分子の種類

2・3・1　タンパク質

a. タンパク質とは：タンパク質（蛋白質）は細胞をつくる中心的な分子で，筋肉や卵などに大量に含まれる（表 2・1）．非常に種類が多く，その総和は理論的に遺伝子の数より多い．タンパク質には，細胞の構成や運動，調節物質やホルモン，運搬や生体防御，そして酵素などの働きがある（下記）．

b. アミノ酸：タンパク質は，分子量約 110 ダルトンのアミノ酸が遺伝子の指令に従って数十～数千個連結した高分子である．結合の形式を**ペプチド結合**という．アミノ酸は 20 種類あるので，これらから構成されるタンパク質の種類は膨大な数になる．アミノ酸の大きさや水への溶けやすさ，イオン

表 2・1　細胞に含まれる主な分子

	特徴・役割	例
タンパク質	アミノ酸が連なっている．窒素やイオウを含む．非常に種類が多い．細胞活動の中心的分子	筋肉タンパク質，血液タンパク質，酵素
糖質	炭素 5，6 個の単糖を基本とする．多数連なる重合分子もある．エネルギー源．細胞の構成，貯蔵物質	ブドウ糖，グリセロール，デンプン
脂質	油に溶ける性質がある．脂肪酸は炭素 10～20 個．エネルギー源．細胞膜の成分．調節分子，貯蔵物質	中性脂肪，リノール酸，性ホルモン
核酸	ヌクレオチドが重合した高分子．大量のリン酸を含む．遺伝情報をもつ	DNA，RNA

になりやすい性質が異なるため，タンパク質の性質も千差万別となる．

c. タンパク質の構造：アミノ酸の配列（並んでいる順序）をタンパク質の**一次構造**という．さらにタンパク質鎖は部分的にねじれていたり折り畳まれており（**二次構造**），分子全体ではそれらが球状にまとまって（**三次構造**）活性をもつ．熱や有機溶剤（アルコールなど）で三次構造が変形すると（＝これを変性という），活性がなくなる．三次構造は基本的には一次構造により自動的に決まる．複数のタンパク質がゆるく結合し，より大きな構造をつくる場合もある（**四次構造**）．二～四次構造を**高次構造**という．

2・3・2 糖　質

3個以上の炭素と特定の分子構造（注：ケトやアルデヒドという化学構造）をもつものを糖といい，炭素数は5か6が基本である．基本形の糖を**単糖**という．炭素数5のものの中には核酸の原料のリボースが，6のものにはエネルギー源の基本であるブドウ糖（グルコース）が含まれる．

乳に含まれる乳糖，果物に含まれる果糖，水飴の成分である麦芽糖は，2個の単糖が結合した**二糖**である．単糖類や二糖類には甘みがある．単糖が長く連なったものを**多糖**といい，ブドウ糖が連なったデンプン（植物の場合）やグリコーゲン（動物の場合）のように栄養分として蓄えられるもの（注：利用されるときは，酵素の働きでいったんバラバラになる），セルロースなどのように植物細胞を支えるものがある．糖はエネルギー源として重要だが，どの糖も最終的にはグルコースに変化してから利用される．糖にはこのほか，タンパク質に結合して調節機能にかかわったり，軟骨やレンズの成分になったりするものもある．アルコールやグリセリン（グリセロール）は水によく溶け，糖の分解産物と類似するものが多く，糖類に分類される．

2・3・3 脂　質

脂質とは油や有機溶剤に溶けるものの総称で，一般には油脂や脂肪といわれる．**脂肪酸**は代表的な脂質で，炭素が連なった構造をしている．食用油に含まれる脂肪酸は，炭素が16～20個連なっている．脂肪酸もその分解産物（アセチル Co-A など）が糖のエネルギー産生経路に入り，エネルギー源になる（注：糖よりエネルギー産生効率がよい）．中性脂肪とはグリセリン

に脂肪酸がついたもので，動物では皮下に蓄えられる．細胞膜は中性脂肪の脂肪酸がリン酸（リンを含む小さな原子団）になったリン脂質からできている．ステロイド（例：コレステロール，性ホルモンなど）は生体調節物質として働く．

2・3・4 核　酸

a. 核酸：核酸は核にある酸性物質という意味で，**DNA**（デオキシリボ核酸）と **RNA**（リボ核酸）の 2 種類がある．ただ DNA／RNA といっても，それぞれの分子には膨大な多様性がある．DNA は核にあり，遺伝子の本体となっている．RNA は DNA を元につくられ，核や細胞質にあって，さまざまな役割を果たす．

b. ヌクレオチド：核酸はヒモのような長い分子で，ヌクレオチドが基本単位になっており，結合の様式はリン酸ジエステル結合という．ヌクレオチドは三つの成分，すなわち**糖**，**塩基**，**リン酸**（前述）が結合したもので，糖はデオキシリボース（DNA の場合）かリボース（RNA の場合）が使われる．塩基はアデニン，シトシン，グアニン，チミン（DNA）／ウラシル（RNA）という 4 種類のいずれかである．リン酸をもつため，酸性の性質を示す．

c. 個々の分子の違いは塩基配列の違い：上記のように，ヌクレオチドは 4 種類あるため，それが連結した DNA/RNA は，並んだヌクレオチドの種類と配列によって違いが生ずる．核酸の長さは RNA で主に数十〜数万塩基長，DNA で数千〜数億塩基長である．

2・4 細胞では化学反応が起こっている

2・4・1 反応は酵素の働きで進む

生体内ではさまざまな物質のかかわる化学変化（これを**代謝**という）が起こっている．食事として摂取したデンプンは，腸でブドウ糖にまで消化・分解された後，吸収されて全身に運ばれる．腸で簡単に分解されるのは，反応をすみやかに進めるための酵素が分泌されているためである．このように反応を促進させるものを触媒という．生体内で起こる反応は分解だけでなく，合成，変換，移し換えなど多岐にわたっているが，そのほとんどが酵素の働

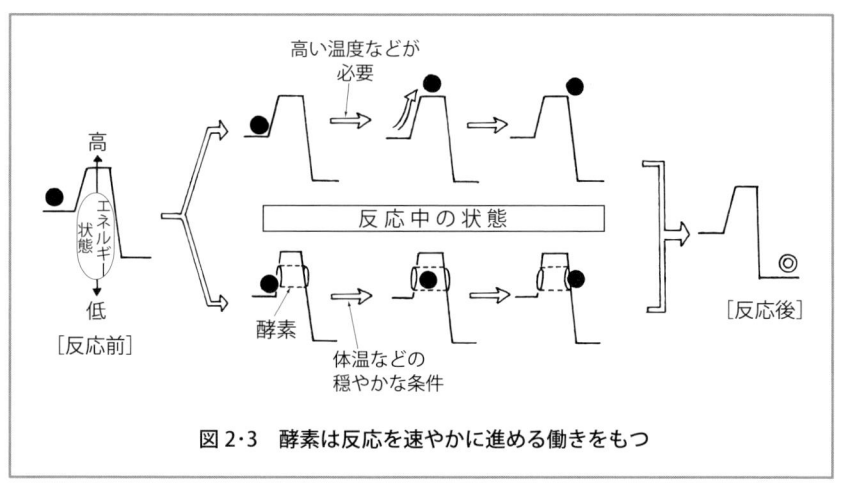

図 2・3　酵素は反応を速やかに進める働きをもつ

きによる．酵素はタンパク質であり，体温という穏やかな条件で最大の活性を現す（図 2・3）．それぞれの酵素は，かかわる反応形式と作用する分子が厳密に決まっている（酵素反応の特異性）．

2・4・2　生きるためのエネルギーをつくる

　生物は栄養を元にエネルギーをつくるが，**ブドウ糖（グルコース）**が代表的なエネルギー源である．動物はブドウ糖をつくることができず，植物がつくったものを利用している．

　ブドウ糖からエネルギーを生み出すしくみを，ごく簡単に説明する．まず，ブドウ糖を合成するときにはエネルギーが必要である．言い換えれば，ブドウ糖にはエネルギーが蓄えられているので，ブドウ糖が分解されるときは逆にエネルギーが放出される．ブドウ糖を燃やすとエネルギーが熱となって放出され，炭素と水素は酸素と結合して炭酸ガスと水になる．体内ではこのような激しい反応は不都合なので，酵素の働きで，ブドウ糖を段階的に分解し，エネルギーは少しずつ放出される（図 2・4）．反応の初期，ブドウ糖は酸素がなくても少しだけ分解され，エネルギーが少しだけ生まれる．次にその分解物がミトコンドリアに入り，それが分解されると残りの大量のエネルギーが出るが，このときには酸素を必要とする．

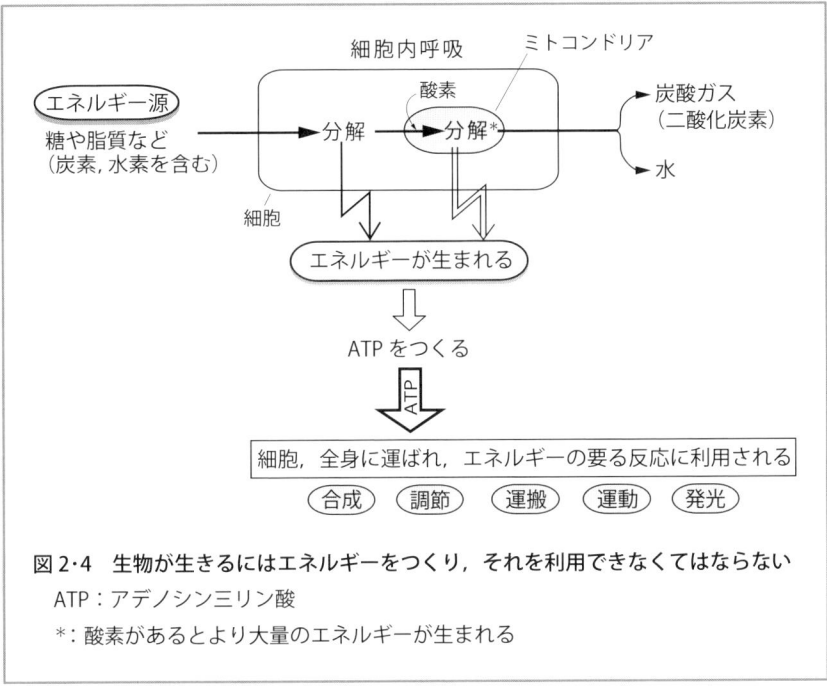

図2・4 生物が生きるにはエネルギーをつくり,それを利用できなくてはならない
ATP:アデノシン三リン酸
*:酸素があるとより大量のエネルギーが生まれる

2・4・3 エネルギーが生まれる原理

物質の分解によってエネルギーが生まれるときには,分子に含まれる水素が重要である(炭素は酸素と結合して炭酸ガスになる).分解反応により,水素は水素イオンと電子に分かれるが,電子は別の分子に渡される(例:NAD^+に渡り,NADHができる).このような反応がミトコンドリアの中で連続的に起こり,電子は異なる分子に次々に渡される(**電子伝達系**).電子が最後に行き着く先は酸素で,酸素と結合した水素イオンに上記の電子が渡り,水ができて反応が終わる.電子伝達系の近くでは,電子がミトコンドリア内にあるモーターのような分子装置を回し,このモーターが動くことによってエネルギーが発生する.

細胞内でエネルギーを生み出す過程を**呼吸**(内呼吸ともいう)というが,呼吸は化学的には燃焼と同じである(図2・4).酸素と結合することを**酸化**という.水素がとれること(あるいは電子がとれること)も酸化と等しい.

逆の反応は**還元**という．つまり，エネルギーは酸化・還元反応で生み出される．呼吸によって生じた水は細胞活動に使われるが，あまりは尿として排泄される．炭酸ガスは血液により肺に運ばれ，呼気として体外に出される．肺呼吸（内呼吸に対し外呼吸ともいう）で酸素を取り入れ炭酸ガスを出すことには，このような意味がある．

2・4・4　エネルギーは ATP という分子の形で蓄えられ利用される

蒸気機関車は石炭を燃やしてできるエネルギーで水を熱して水蒸気をつくり，その圧力でピストンを動かす．つまりエネルギーが高圧蒸気という形で蓄えられ，利用されている．生物の場合は，エネルギーを分子の形で保存するが，そうした高エネルギー分子の代表が**アデノシン三リン酸「ATP」**である．糖分解反応で生まれたエネルギーは ATP を合成するために使われ，ATP はエネルギー供給源として利用される．

エネルギーが必要とされる場面は，運動，発光（ホタルなど特殊な例に限定される），物質合成，調節，運搬（濃度に逆らって物質を移動させること．能動輸送という）の 5 種類である（図 2・4）．電気ウナギは，イオンを細胞内に大量に集め（ここでエネルギーが要る），必要なときにそれを数千ボルトの電流という形で放出する．

Column

動物が生きるエネルギーの源は太陽

　動物はエネルギー物質であるブドウ糖を，自身でつくることができず，植物からとっている．植物は炭酸ガスと水，そして太陽光エネルギーを使ってブドウ糖を合成する．つまり動物は太陽と植物がなくては生きられない．呼吸に必要な酸素も，植物が供給してくれる（炭酸ガスを吸収して酸素を出す）．

3 遺伝や変異にはDNAが関与する

　子が親に似る現象を遺伝といい，DNAからなる遺伝子が関与する．細胞には2組の遺伝子があり，その形や性質は，表にすぐ現れる優性の遺伝子と，優性遺伝子があるときには出ない劣性の遺伝子の組合せで決まる．生物には，予想したものとはかけ離れた形質が出る場合があり，それらの多くは子孫に伝わる突然変異である．突然変異は遺伝子に生じた変異が原因であり，その蓄積が新しい生物の創出につながる．

3・1 遺伝について知ろう

3・1・1 遺伝とは
　子が親の形や性質（＝両方あわせて**形質**という）を受け継ぐことを**遺伝**というが，「形質は遺伝する」と言い換えることができる．真核生物では，親から子が生まれるときには双方の親の細胞が合体（融合）するが，これにかかわる細胞（＝生殖細胞）を配偶子（一般には精子と卵）という．つまり，遺伝子は配偶子で運ばれることがわかる．遺伝子（英語でgene）の概念は遺伝学者**メンデル**がつくった（下記）．生物のもつ遺伝子の数は非常に多く，大腸菌で約4千個，ヒトでは少なくとも2万2千個である．

3・1・2 遺伝学の基礎をつくったメンデル
　19世紀の遺伝学者メンデルは，エンドウ（豆）の形質について異なる二つの分類を設定した．たとえば種の形には丸としわの2種類，種の色は黄色と緑の2種類があるが，それらを対立遺伝子と見なした．対立遺伝子はどちらかが表面に出て，その中間にならないという前提がある．丸としわの種のエンドウを交配して子孫（注：この子孫を**雑種第一代**という）をつくると，その種は丸になる（図3・1）．対立遺伝子のうち雑種第一代目に出る形

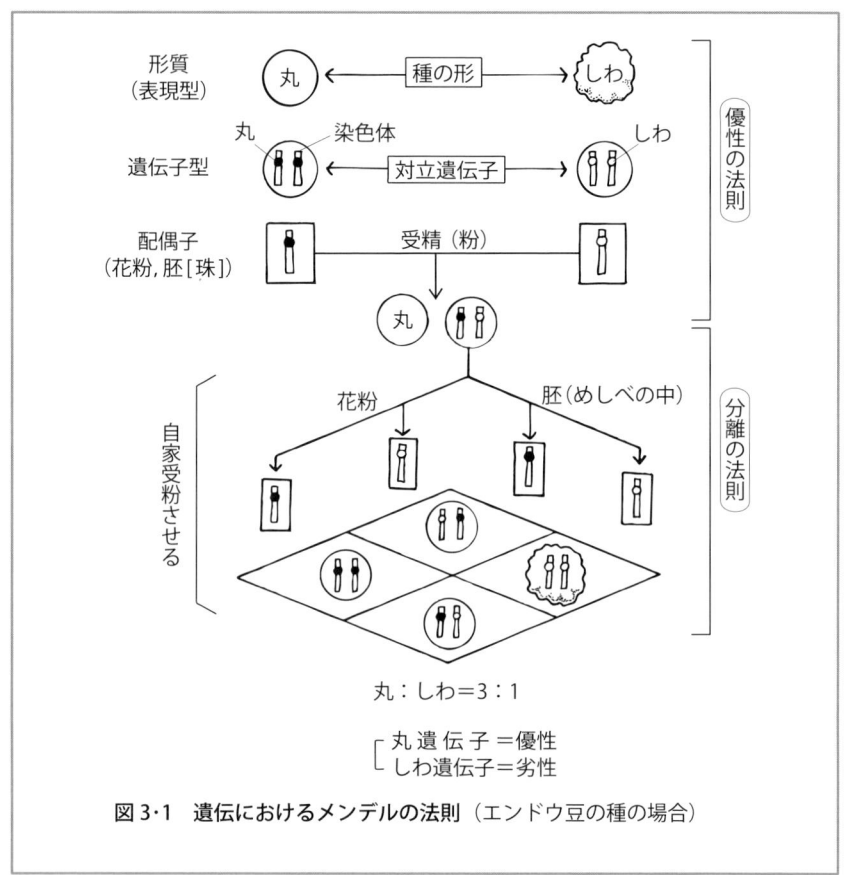

図 3・1　遺伝におけるメンデルの法則（エンドウ豆の種の場合）

質を**優性**，そうでないものを**劣性**と決める．この現象を「**優性の法則**」という．

3・1・3　遺伝子はなくなったり，交わったりしない

　上記の場合，劣性（しわ）の遺伝子は消滅してしまったのだろうか？　そこで，次に雑種第一代目のエンドウの種をまいて雑種第二代目をつくってみる（同じ個体同士で受粉させる）．すると今度は丸（優性）としわ（劣性）の種が **3：1** の割合で出る（**分離の法則**）（図 3・1）．劣性の遺伝子は消えたのではなく，優性に隠されていたのである．どうしてこうなるかは「細胞には対立遺伝子が計二つあり，配偶子にはその一つが入る．受精はいろいろな配偶子の組合せで起こり，その結果現れる形質に差が出る」と考えればよい．

遺伝現象を表現するときに，**遺伝型**と**表現型**という用語が用いられる．上の場合，雑種第一代目の遺伝型は（丸＋しわ）であり，表現型は丸である．雑種第二代目では表現型は丸：しわが３：１だが，遺伝型は（丸＋丸）：（丸＋しわ）：（しわ＋しわ）＝１：２：１である（図３・１参照．遺伝型は二つの要素からなり，表現型は一つしかないことに注意）．

遺伝型が２個とも同じ場合を**ホモ**といい，異なる場合を**ヘテロ**という．白いイヌ同士から黒い子犬が生まれるのも，A 型の血液型の両親から O 型の子どもが生まれるのも，同じ理屈で説明できる．形質を種の形（丸／しわ）と背丈（高い／低い）の複数で見た場合，それぞれの対立遺伝子の遺伝様式は独立に制御される．これを「**独立の法則**」という（注：ただし，二つの遺伝子が別の染色体にあること〔連鎖していないこと〕が前提〔４章〕）．

この優性の法則，分離の法則，独立の法則の三つを**メンデルの法則**という．

3・1・4　メンデルの法則からずれる遺伝もある

自然界にはメンデル型遺伝に合わない例がある．遺伝型が優性と劣性からなるヘテロ個体の表現型が中間の形質になる場合がある（例：白と赤からピンクが出る場合）．

遺伝子が性染色体上にあるときは**伴性遺伝**という形式をとる．哺乳動物ではオスは X と Y の性染色体を１本ずつもつが，メスは２本とも X 染色体なので，遺伝子が Y 染色体にある形質はオスにしか出ない．

１章で述べたように，ミトコンドリアにも自前の DNA ／遺伝子があるが，形質がミトコンドリア遺伝子による場合，メンデル遺伝では説明のつかない現象が起こる．ミトコンドリアは精子（植物では花粉）には入らず，卵（植物では胚）にのみ入るため，ミトコンドリア（植物では葉緑体も）に依る遺伝は，母方のみから伝達子が供給される**母性遺伝**の形式をとる．

3・1・5　染色体が１組しかない生物

菌類（カビやキノコの仲間）には染色体が１組しかないままでも生存，増殖できるものが少なくない．細菌類も遺伝子を１組しかもたない．このような場合，遺伝型はストレートに表現型に現れる．言い換えると，２本１組の染色体をもつ高等生物は，劣性の性質が出にくい．

3・2 生物は変異し，多様化し，進化する

3・2・1 生まれた子の形質は必ずしも一様ではない

遺伝子は安定であり，メンデル型遺伝で予想されない形質の子どもが生まれることは基本的にない．事実，カエルの子（オタマジャクシ）やニワトリの子（ヒヨコ）は何百匹すべて同じ容姿に見える．ところが子が必ずしも親とまったく同じではない場合がままある．たとえば，複数の子どものサイズにばらつきがあるという現象は一般的なことである．ただこの現象は，栄養や生育環境の良い子は大きく育ち，悪い子はあまり大きくない，ということで簡単に説明でき，**環境変異**（つまり，ばらつき：variation）といわれる．環境が変われば，容姿も変わるので，この形質は不安定で個体の固有の特質ではない．環境変異は次世代に遺伝しない．夏になると皮膚が日焼けし，冬にはそれが元に戻るなどという現象も遺伝とは関係のない**適応**（adaptation）である．

3・2・2 子孫に伝わる変異：突然変異

親とかけ離れた大きな子どもが生まれ，その子どもの子がやはり大きい場合，「大きい」という形質が遺伝したことになる．このような遺伝するタイプの変異を**突然変異**（mutation）という（図 3・2）．一般には，色素がなくなるなど，親の形質とかなりかけ離れた形質になることが多いが，程度問題であり，差が見えないこともある．巨大なオオマツヨイグサがマツヨイグサから生じた事実は，突然変異の好例である．

後述するように，突然変異は遺伝子の変化が原因で起こる．分子生物学で

解説	**生殖細胞変異と体細胞変異**
	突然変異個体が生まれるためには，精子や卵子といった生殖細胞の遺伝子の変異が条件となる（**生殖細胞変異**）．丸い葉をもつ木で，ある枝に付いた葉が針状になり，さらにその枝先の葉などがずっと針状のままで育つ現象がある．このような現象は体細胞の一部が突然変異したもので，**体細胞変異**という．

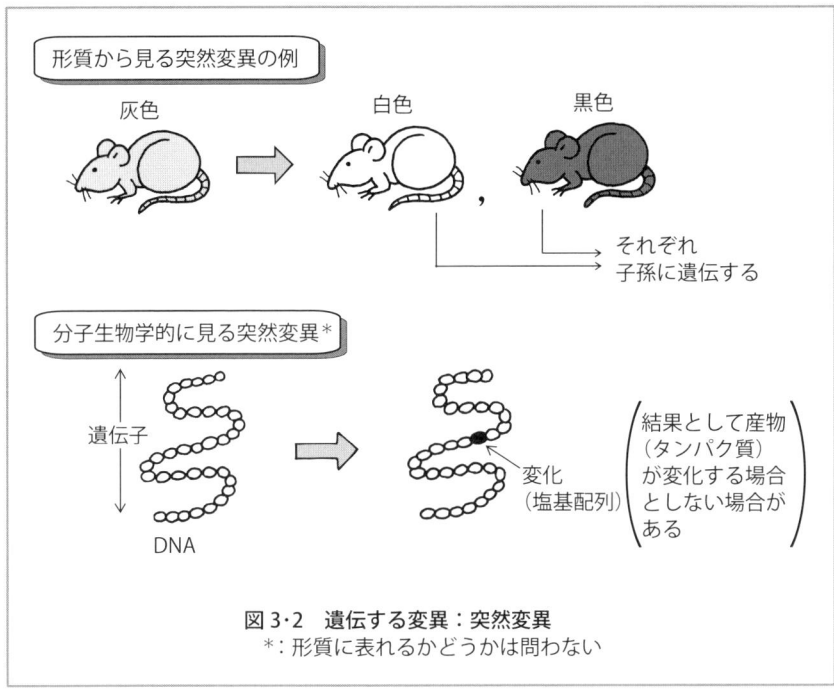

図3・2 遺伝する変異：突然変異
＊：形質に表れるかどうかは問わない

は，「突然変異は遺伝子の変異」と定義するので，遺伝子が変異した時点で突然変異が起こったと定義する（表現型が変化するかや，子孫に伝わるかは問題にしない）．

3・2・3 生物多様性と進化

突然変異は，生物が多様化して新種の生物が生まれる原因となる．形質の変化は小さな生物集団の中ほど固定されやすく，動植物を問わずよく見られる．草原に暮らすゾウは森に暮らすゾウより大きいといった事実がその例である．このような現象がより大規模に起こると，ゾウにはアフリカゾウとアジアゾウがあるように，別種の創出につながる．

変異体ができても，新しい種ができ上がるためには条件がある．まず，変異の内容が，置かれた環境に対して有利に働く必要がある．有利であれば選ばれ，そうでなければ淘汰されるはずである．この考えは「**自然選択説**」といわれ，ダーウィンにより提唱された．これとは別に，生存に有利でも不利

でもない遺伝子に起こる変異の蓄積が変異の原動力となる**中立説**という説もある．いずれにせよ，突然変異が起こり，それが孤立した集団の中で生殖によって広がり，さらにそれが環境に合っていれば，そこに新しい種が生まれる．このように，突然変異は生物多様性の原動力となり，進化もその結果起こると考えられる．

3・3 遺伝子の役割とは何か？

3・3・1 遺伝子はタンパク質をつくる

ある種類のカビは糖①から生育に必須な糖②をつくる酵素をもつので，糖①を加えてやれば育つ．糖②を与えないと育たない突然変異体のカビが発見され，詳しく調べてみたところ，変異体のカビは糖①から糖②をつくる酵素をもっていなかった．このような観察により，遺伝子が酵素をつくることがわかった．酵素はタンパク質なので，「遺伝子はタンパク質をつくる」と理解することができる（図 3・3）．間違ってはいけないのは，遺伝子（DNA）が酵素タンパク質の合成に直接作用するのではなく，タンパク質ができるような情報をもっているという意味である．

3・3・2 遺伝子の発現

遺伝子は「どんなタンパク質をつくるか」，場合によっては「どんな RNA をつくるか」を決める情報の元になっている．情報は DNA という長いテープに塩基配列という暗号の形で書き込まれている（4 章参照）．遺伝子そのままでは単なる暗号で，それ自身が細胞活動を動かす分子として作用するわけではない．細胞活動で実際に働く分子は RNA かタンパク質である．

遺伝情報が RNA やタンパク質となることを遺伝情報の発現（あるいは遺伝子の発現）という．遺伝情報をもつ高分子を情報高分子というが，これには DNA, RNA, タンパク質が含まれる．遺伝情報は DNA から RNA に写しとられ，RNA の情報はタンパク質に変換される．この DNA → RNA → タンパク質という情報の流れはすべての生物に共通で，例外はない．この原則は分子生物学の中心命題（中心教義）「**セントラルドクマ**」として 50 年以上前に提唱され，現在も分子生物学の基盤として生きている．

解説	**劣性遺伝子の本質は機能を欠いた遺伝子**

メンデルが定義した優性遺伝子は機能をもつタンパク質をつくれる遺伝子で，劣性遺伝子はそのようなタンパク質をつくれない遺伝子と解釈できる．タンパク質をつくる遺伝子量は優性ホモ，ヘテロ，劣性ホモで，それぞれ 1.0，0.5，ゼロの比率である．一般にタンパク質は余裕をもってつくられるので，遺伝子量が 0.5 でも 1.0（優性ホモ）と遜色のない機能を果たし，表現型としては優性とほぼ同じになる．

3·4 遺伝子は DNA である

3·4·1 遺伝子は染色体の中にある物質

精子や卵が遺伝子を運ぶこと，精子はほとんど核であること，そして核に含まれる物質（実際には染色体）の量が卵や精子では細胞の半分になることから，まず遺伝子が核にあることは明らかである．核にある代表的な構造体は染色体であり，生物の種類により染色体数が一定なこと，細胞分裂の前に

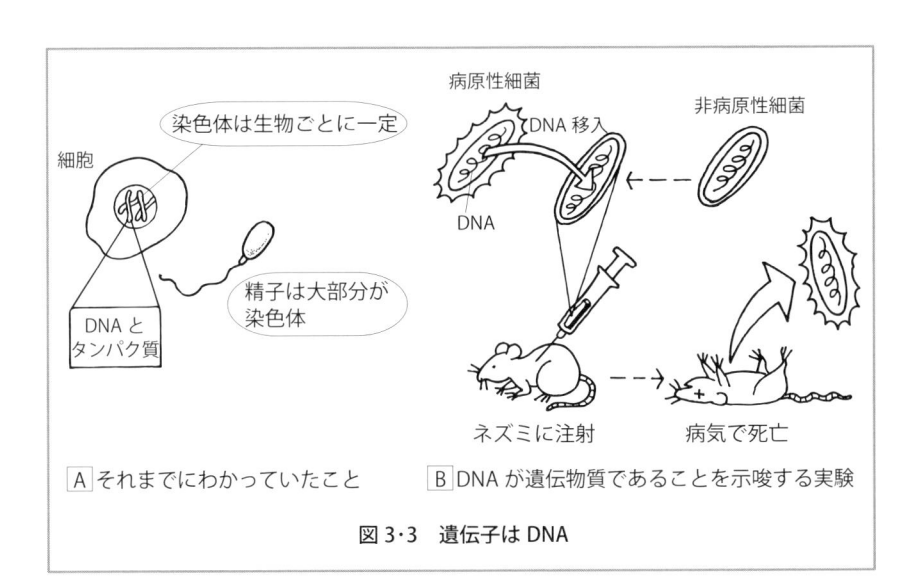

図 3·3 遺伝子は DNA

A それまでにわかっていたこと　B DNA が遺伝物質であることを示唆する実験

染色体が2倍になることから，遺伝子が染色体にあることも明らかである（図3・3A）．

遺伝子が存在する染色体は物質的にはタンパク質とDNA（デオキシリボ核酸）からなっている．2章で述べたように，DNAの成分が非常に単純なため，遺伝のような複雑な現象を担う物質は，より複雑な分子であるタンパク質ではないか，という予想もあったが，この予想は以下の実験によりくつがえされた．

3・4・2 DNAが生物の性質を変化させる

病原性細菌を熱で殺し，これに非病原性細菌を混ぜて動物に注射すると，動物は病死し，血液中に病原性細菌が見えた．これは病原性菌の病気遺伝子（何かの物質）が非病原性菌に移り，非病原性菌が病原性菌に変異したと考えられる．そこで，次に病原性菌のDNAを取り出し，それを非病原性菌と混ぜて細胞を培養したところ，病原性菌が増え，遺伝物質がDNAであることが示唆された（図3・3B）．

3・4・3 DNAが遺伝子の本体であることを示した決定的証拠

上の実験のほか，ウイルスを用いた実験でもやはり遺伝物質がDNAであることが証明された（下記の解説参照）．また，鎌状赤血球貧血というヒトの遺伝病では赤血球のタンパク質（β-グロビン）に欠陥があるが，そのタンパク質の内部のアミノ酸配列が変化していたことがわかり，遺伝子がタンパク質の一次構造（＝アミノ酸配列）を決めていることが証明された（図3・4）．

解説　「遺伝物質＝DNA」を示す別の実験

ウイルスのタンパク質とDNAに別々の物理的な目印（放射性同位体）をつけ，細胞に感染させてウイルスを増やす．増えた子ウイルスを調べたところDNAの目印のみが見られ，タンパク質の目印は消えていた．DNAが子孫に引き継がれた証拠といえる．

3・4 遺伝子は DNA である

ヌクレオチドⓐ　　　　　　　　ヌクレオチドⓑ

── DNA ──

アミノ酸 X　　　　　　　　　　アミノ酸 Y

タンパク質　　　　　　　　　　タンパク質

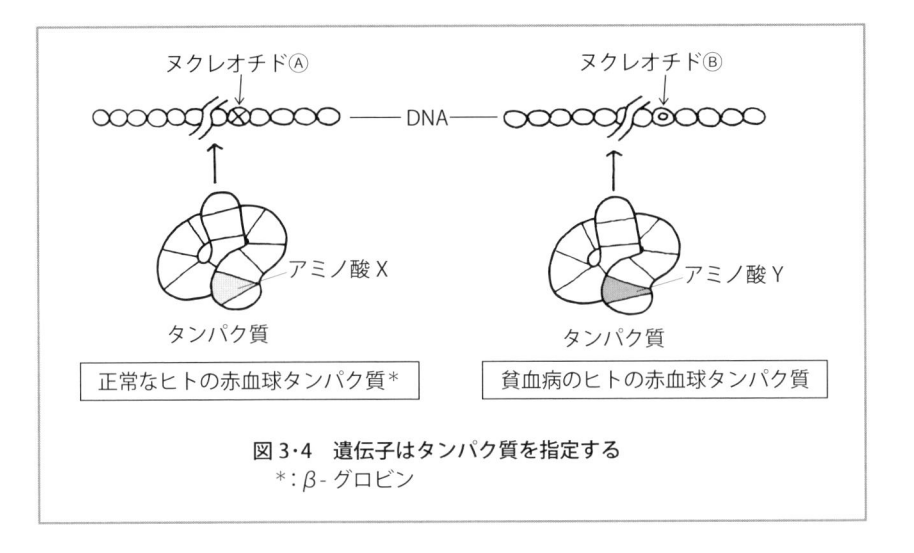

正常なヒトの赤血球タンパク質*　　貧血病のヒトの赤血球タンパク質

図 3・4　遺伝子はタンパク質を指定する
*：β-グロビン

Column

遺伝子，DNA，ゲノムの区別

ヒトゲノムなど，ゲノムという言葉をよく聞くが，ゲノムとは何だろう．ヒトは少なくとも2万2千個の遺伝子をもつが，この遺伝子が23本の染色体中のDNAに分散して存在する．遺伝子と遺伝子の間には隙間のDNAがある．つまり，遺伝子はDNAだが，DNAのすべてが遺伝子ではない．この場合，23本の染色体を構成する全DNAをゲノムという．ヒトの細胞は2組の染色体（すなわち46本）をもつため，2組のゲノムがあることになる．

演習　遺伝子がX染色体上にある場合，その表現型がどうなるかを，遺伝子が優性か劣性の場合に分けて考えてみよう．

4 DNAの複製，変異と修復，組換え

遺伝子の本体であるDNAは2本で1組の二重らせん構造をしている．2本の鎖はアデニンにチミン，グアニンにシトシンという塩基対によりゆるく結合している．DNAのかかわる最も重要な現象は，DNAが倍加する複製である．DNA合成酵素には，誤って取り込んだヌクレオチドを修復するなど，多彩な機能がある．DNAはいろいろなレベルで変異し，また変異を起こすさまざまな要因が身の回りに存在する．相同な配列をもつDNA間では，組換えという現象も起こる．

4·1 DNAの性質

4·1·1 DNAは二本鎖：塩基配列の相補性

a. シャルガフの法則：シャルガフは各種生物のDNAの塩基分析から，アデニンとチミン，シトシンとグアニンの比が常に1：1と等しいが，アデニンに対するシトシンやグアニンの比は生物ごとで異なることを突き止めた．このほかアデニン＋グアニン：シトシン＋チミン＝1：1という規則性も見出した．この法則は，塩基の量比にルールがあることを示しており，DNAは一本鎖ではないことが想像される．

b. DNA二重らせん構造の発見：DNA分子形（何本で1組か）は1950年くらいまでは不明だったが，ウィルキンスによりDNAが**二本鎖**であることが示された．次にワトソンとクリックは，DNAを物理的に分析し（注：X線で原子の並び方を解析する方法），そのDNA二本鎖が右巻きのらせん状になっていることを示した（図4·1）．彼らの発見により，2本の鎖が塩基を内側に，塩基同士の引力で二本鎖がゆるく結合していることも明らかになり，塩基のペア（塩基対）がシャルガフの法則（上述）から予想されたように，アデニンにはチミン，シトシンにはグアニンであることも解明された（図

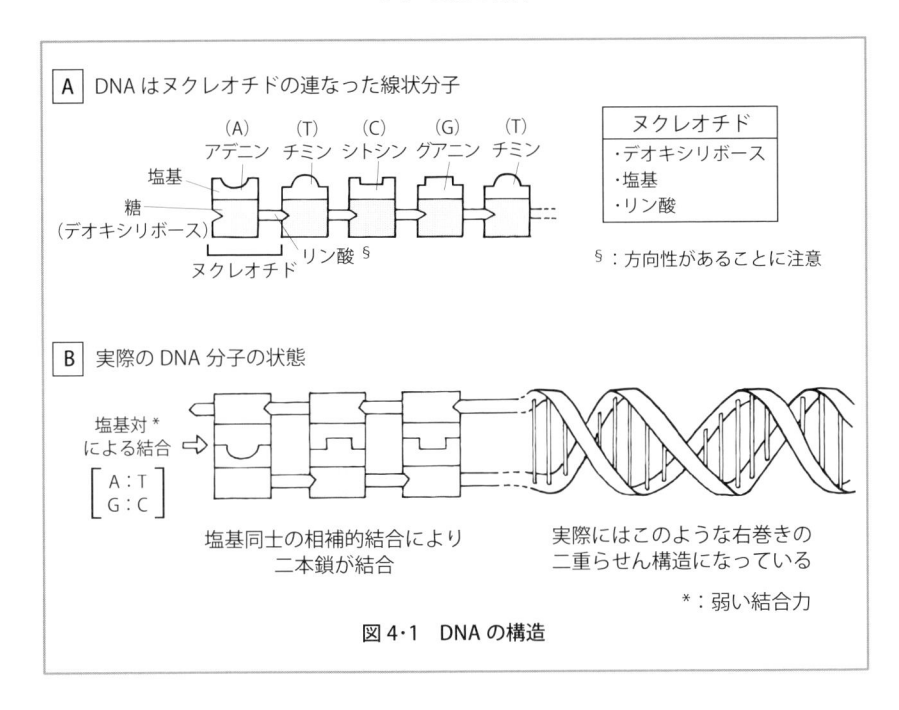

4・1 DNAの性質

A DNAはヌクレオチドの連なった線状分子

ヌクレオチド
・デオキシリボース
・塩基
・リン酸

§：方向性があることに注意

B 実際のDNA分子の状態

塩基対*
による結合
[A：T
  G：C]

塩基同士の相補的結合により二本鎖が結合

実際にはこのような右巻きの二重らせん構造になっている

*：弱い結合力

図4・1　DNAの構造

4・1）．

c. 塩基対の相補性：2本がペアになると相手側DNA鎖の配列はどう決まるのだろうか．今，アデニン・グアニン・アデニン・チミンという短いDNA鎖があるとすると，その相手方のDNAの塩基配列はチミン・シトシン・チミン・アデニンであることが自動的に決まる．つまり，1本のDNA鎖は相手DNA鎖の塩基配列情報ももっている（補っている）ことになる．二本鎖のそれぞれが互いを補う，つまり相補しており，二本鎖DNAは塩基配列情報を二重にもつと言い換えることができる．この鋳型としての性質があるため，DNAの複製や（次頁参照），RNAへの転写（5章）が正確になされる．DNAに結合するDNAが決まっているという性質は，実験的にDNAでDNAを探すことにも使われる（下記）．

4・1・2　DNAの二本鎖と一本鎖は容易に変換されうる

a. DNAの変性：DNA二本鎖は塩基間の水素結合という弱い力で結合している．この結合は熱で壊れるため，DNAを沸騰水中で熱すると二本鎖が二

つの一本鎖になる．この現象を**DNA の変性**という．鎖そのものは切れない．熱で変性した DNA の温度を徐々に下げると，各一本鎖 DNA は相手方 DNA と再び水素結合をつくり，二本鎖が復活する．DNA にはこのように，簡単に変性・再生する性質がある．細胞内には複製や転写で働く DNA 変性因子が多数存在する．

 b. ハイブリダイゼーション：DNA 二本鎖形成は，相補性が 100％でなくともある程度起こる．完全か否かにかかわらず DNA が二本鎖になることをハイブリダイゼーションというが，この性質を利用して未知遺伝子を探すことができる（実験例：既知遺伝子〔一本鎖にして〕に光る色素を結合したものを未知遺伝子が付いているろ紙にかけ，その後洗う．既知遺伝子と未知遺伝子がハイブリダイゼーションするので，その場所が光って見える）．

解説　A 型，B 型，Z 型 DNA，三本鎖 DNA

　ワトソンとクリックが構造解析した DNA は B 型といわれるが，DNA にはこのほかにも A 型，Z 型（左巻きのらせん）がある．三本鎖構造をとる場合もある．

4・2　DNA の複製

4・2・1　DNA が正確に複製されるしくみ

　細胞が分裂するときは，核内 DNA も倍になり（＝**複製**），各々が分裂後の細胞（＝娘細胞）に均等に分配される．DNA 複製ではまず二本鎖 DNA が変性して 1 本になり，各一本鎖を元にして（＝鋳型にして）相補的な塩基配列をもつ DNA 鎖が 2 組つくられる．新しい DNA（娘 DNA）の塩基配列は親 DNA とまったく同じになる．親 DNA が 1 本ずつ娘 DNA に入るが（元 DNA が半分入る），この機構を**半保存的複製**という（図 4・2）．真核生物の DNA 複製は染色体の複数の場所で同時に起き，大腸菌では複製は決まった 1 か所から起きる．

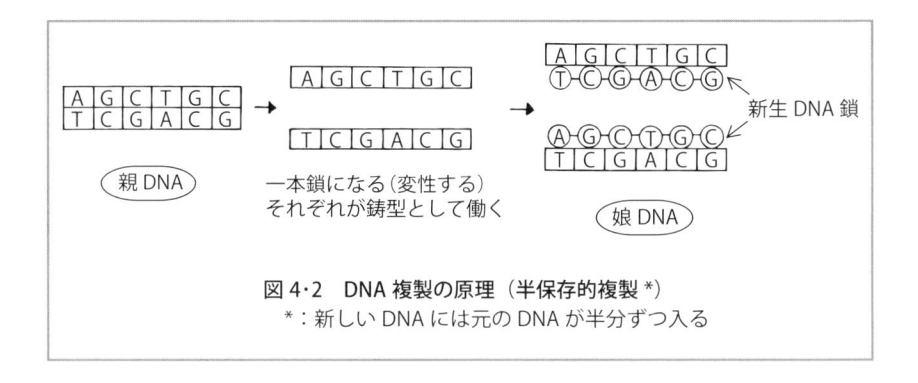

図4·2　DNA複製の原理（半保存的複製*）
＊：新しいDNAには元のDNAが半分ずつ入る

4·2·2　新生DNA鎖が合成酵素により伸びる

複製の起こる場所は特別な塩基配列をもち，**複製起点**という．複製開始時，まず複製起点付近のDNA鎖が一本鎖に変性し，そこにDNA複製を調節する多くのタンパク質が結合し，さらにDNA合成酵素（**DNAポリメラーゼ**）が結合する．DNAポリメラーゼは図4·3で示すように，鋳型である親DNAの塩基に相補的なヌクレオチドを連結しながら，新生DNA鎖を伸ばす．

4·2·3　DNA合成のルール

DNAポリメラーゼの反応にはいくつかのルールがある．まず，合成開始時には開始点に短い一本鎖核酸「**プライマー**」（DNAかRNA）が鋳型鎖に結合している必要があり，DNAポリメラーゼはプライマーを伸ばすようにDNAを合成する（解説：「DNAポリメラーゼはDNA合成の開始はできないが，伸長はできる」と表現する）．細胞内でのプライマーはRNAである（図4·3）．

次に，合成反応はDNA鎖に関して一つの方向にしか進まない（注：ヌクレオチド中の糖分子に対してある決まった方向．図4·1参照）．このため，2本ある鋳型鎖のうち，一方の上では合成はすんなり進むが，他方ではそのままでは進まない．この場合は図示したように，まず後ろ向きに短いDNAが合成され，それらが連結して長い連続したDNAとなる（図4·3）．これを**DNAの不連続合成**といい，このときにみられる短いDNA断片を，発見者（岡崎令治）の名をとって**岡崎断片**という．

> ⓐ DNA 合成はプライマーを伸ばす形で進む
> プライマー（DNA または RNA）　　　　DNA 合成酵素 *
>
> * : DNA ポリメラーゼ
>
> ⓑ DNA 鎖の一方は不連続的に合成される
> （線状 DNA の末端は一部不完全な形になっていることに注意）
>
> 元 DNA
> RNA プライマー
> DNA 合成酵素
>
> プライマー分解
> DNA 連結酵素 §
>
> \# : DNA 鎖には方向性があり（図 4・1 B），DNA ポリメラーゼの進行方向が決まっているためこの方向になる．
> § : DNA リガーゼ
>
> 図 4・3　DNA 合成の様子

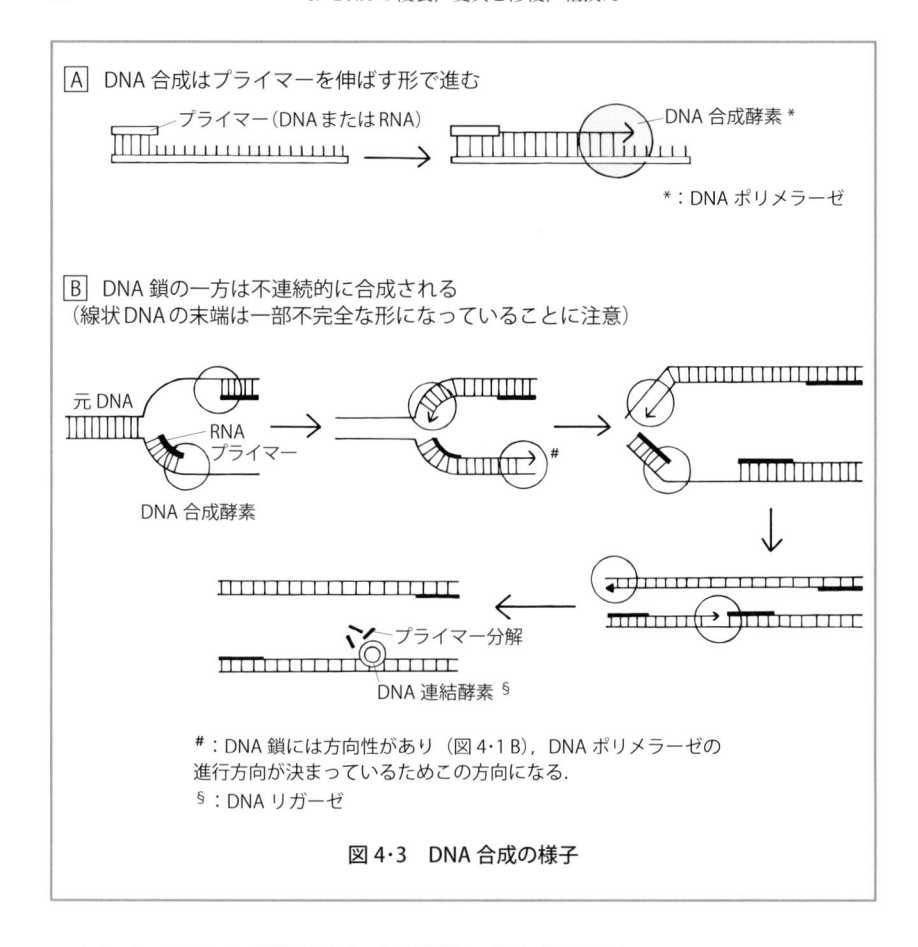

4・2・4　DNA 合成酵素は合成の間違いを自分で直す

a. 間違った塩基配列の校正：細胞には複数の DNA ポリメラーゼがあり，状況によって異なる酵素が使われるが，どの酵素にも，DNA 合成でヌクレオチドが間違って取り込まれた場合（例：鋳型の塩基がグアニンの場合，本来はシトシンが選ばれるのに，アデニンが選ばれてしまう場合），酵素は合成を止め，合成したばかりの DNA 鎖からヌクレオチドを戻りながら 1 個ずつ取り除く．少し除いたところで，酵素は再度合成反応をスタートさせる．このように，DNA ポリメラーゼには間違いを直す校正機能がある．

b. さらに巧妙な修復能力：コーンバーグの発見した DNA 合成酵素（大腸

菌の DNA ポリメラーゼ I) は，酵素が進む前方に DNA や RNA があると，それを削り取りながら DNA 合成するという特異な活性がある．この活性は DNA 鎖の修復（変異を直すこと）や RNA プライマーの除去に使われる（上記参照：DNA 合成の開始用の RNA プライマーを除く意味もある）．

4·2·5　DNA 末端は特殊な方法で複製される

　DNA の端は複製できない．この現象は，末端のプライマー RNA を DNA ポリメラーゼが除けないために起こる（図 4·3B）．真核生物染色体にも上のような問題があり，**テロメア**（染色体末端）は細胞分裂のたびに短くなる．テロメアは意味のない塩基配列の繰り返しであり，多少短くなっても問題ないが，複製が続くと遺伝子も削られ，細胞は死んでしまう．細胞分裂には限りがあるが，その理由の一つがこの染色体の短小化である（107 頁参照）．精巣や卵巣の細胞内にはテロメア複製酵素「テロメラーゼ」が存在する．

| 解　説 | **テロメラーゼは RNA から DNA をつくる** |

　テロメラーゼは RNA をもっている．この RNA がテロメアの配列と結合（ハイブリダイズ）し，その RNA を鋳型にテロメア DNA が合成される（＝つまり逆転写される）．テロメラーゼは通常の細胞にはほとんどないが，細胞が癌化すると出現する．

4·3　DNA の変異とそれを修復する細胞の働き

4·3·1　DNA はいろいろな規模で変異する

　DNA の構造や塩基配列が変化する変異（突然変異）は，いろいろなスケールで起こる．この中には，**染色体のレベル**（全部，あるいは一部）で起こるもの（例：ダウン症候群では，21 番染色体が 3 本になる），ヌクレオチドが数個増えたり減ったりするもの（＝それぞれ**挿入変異**，**欠失変異**という），そして塩基（実際には塩基のペア）が置き換わるもの（**点〔突然〕変異**）などがある．

4・3・2　DNA 損傷と変異原

DNA 損傷剤（DNA 傷害剤）は DNA を物理化学的に変化させる．損傷の種類には塩基変換（例：シトシンがウラシルになる），ヌクレオチドからの塩基の解離，塩基構造の変化（下記参照），そして鎖の切断がある．DNA 損傷は変異の最初のステップなので，DNA 損傷剤は変異原という側面もある．変異原には酸，高温，紫外線などのような日常的なものから，亜硝酸化合物やニトロソ化合物のような化合物，X 線やガンマ線などの放射線（あるいは電磁波）がある．変異原の中には，発癌性が疑われるものもある（例：タバコ中のタール成分は肺癌の原因）．

4・3・3　紫外線は塩基同士を結合させてしまう

紫外線は太陽光に含まれ，殺菌力があるが，変異原でもある．紫外線は主にヌクレオチド中のチミンに作用し，チミン-チミン結合物（**チミン二量体**）をつくる（図 4・4）．チミン二量体は複製や転写を停止させて細胞死を招く上に，点変異（前頁参照）を起こし，癌の原因となる（解説：紫外線に敏感で皮膚が黒くなる遺伝病があり，皮膚癌が多発する）．

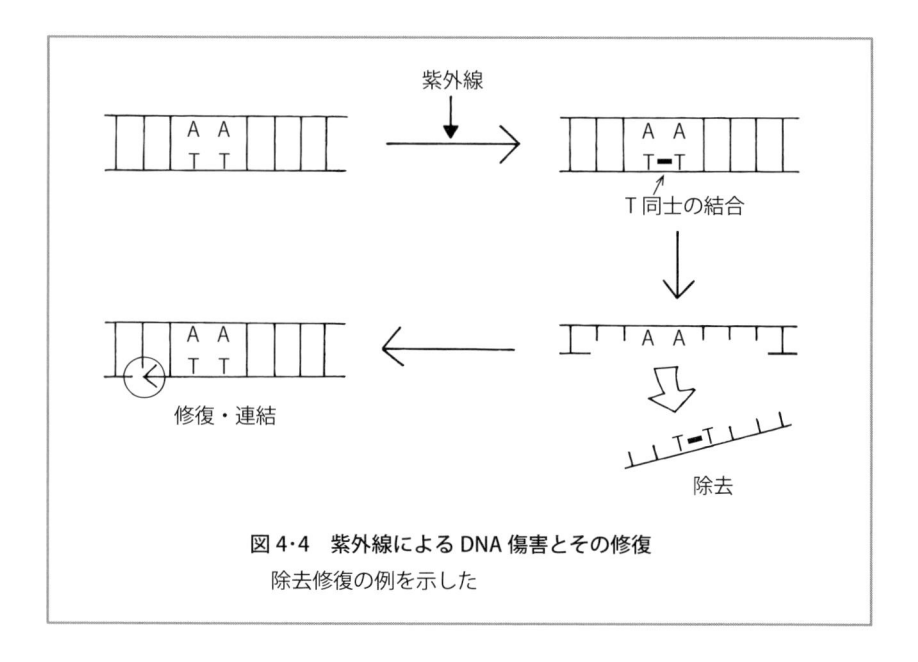

図 4・4　紫外線による DNA 傷害とその修復
除去修復の例を示した

4·3·4 変異は修復される

除去修復：ヌクレオチドが損傷しても，細胞はそれを克服する力をもつ．点変異が起こったり，塩基が外れると，まず酵素（エンドヌクレアーゼ：DNA の内部を切る）が損傷部分の外側の DNA 鎖に切れ目を入れ，別の酵素（DNA ヘリカーゼ）が切れ目部分で内部 DNA 断片を取り除く．次に DNA ポリメラーゼが間隙部分の DNA を合成／修復し，最後に DNA 同士をつなげる酵素（DNA リガーゼ）で完全な二本鎖ができる．このような機構を**除去修復**という（図 4·4）．

DNA 損傷の修復法には，このほか，複製と組換えが起こり（下記参照），1 組を正常な DNA として残す**組換え修復**，適当なヌクレオチドを使って強引に DNA 合成する **SOS 修復**，酵素と光エネルギーにより二量体化を解消する**光修復**がある．DNA 鎖が 2 本とも切れた場合でも，細胞は多くの因子を動員して，その損傷を修復する．

4·4 DNA は組み換わる

4·4·1 同じ塩基配列間で組換えが起こる

DNA がほかの DNA とつながることを**組換え**といい，DNA の切断と再結合がかかわる．大部分は配列 XYZ と xyz の DNA が XyZ と xYz となるように，ある部分が入れ替わる相互組換えである（図 4·5）．相同配列間で起こる組換えは**相同組換え**といわれ，多くの調節因子がかかわる．

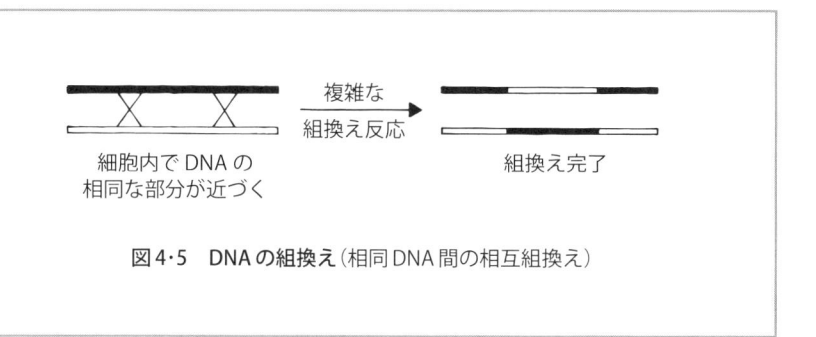

図 4·5　DNA の組換え（相同 DNA 間の相互組換え）

組換え反応ではまず各鎖のDNAの一本鎖が別のDNAに入り込み、そこでDNA鎖が複製し、連結したX字型（**ホリデイ構造**）DNAができる。一本鎖DNAに結合して組換え反応の誘導にかかわる主要な因子として、大腸菌のRecA、真核生物のRad51があり、RecAを欠く変異大腸菌は組換え効率が下がる。ホリデイ構造のX字型部分を移動させる因子、DNAを切断する因子、つなぐ因子が効いて、組換え体DNAが完成する。組換えには、このほか二本鎖切断を介する機構も存在する。

4・4・2　組換えが起こる場所

真核生物の場合は減数分裂で配偶子ができるとき、相同染色体（55頁参照）DNA間で高頻度に組換えが起こり（姉妹染色分体交換）、その様子は2本の染色分体が交差する像「キアズマ」として観察できる（8章参照）。

4・4・3　組換えを利用して遺伝子地図をつくれる

相同組換えは一つの染色体では同じ効率で起こる。そのため既知の2個の遺伝子（A, B）間の組換え率が50％で、遺伝子CとA, Bとの組換え率がそれぞれ25％だとすると、遺伝子CはAとBのちょうど中間に存在することになる。このような実験により、遺伝子の位置を決めることができる（＝**遺伝子地図**の作成）。1本の染色体上に遺伝子が並んでいるとき、それらの遺伝子は**連鎖**しているという。メンデルの独立の法則（21頁参照）は連鎖している遺伝子間では適用されない。

4・4・4　時として関係のないDNAでも組み換わる

頻度は低いが、相同性のないDNA間でも組換えが起こる（**非相同組換え**。例：トランスポゾン（転移性のDNA〔114頁参照〕）の組込みや転移、免疫グロブリン遺伝子の遺伝子再編）。細胞にDNAを入れると、それが偶然染色体に組み込まれるが、この場合も相同性とは無関係に組換えが起こる。

5 転写：遺伝情報の発現とその制御

　RNAはある範囲のDNAの一方の鎖をコピーしたような分子である．DNAと同様にヌクレオチドからなるが，基本的には一本鎖として存在する．RNAの中心的な役割はタンパク質合成で，3種類のRNAがかかわるが，細胞内にはそれ以外にも多様なRNAが存在し，酵素や調節因子などの機能をもつ．RNAがつくられる過程を転写といい，RNAポリメラーゼが関与する．転写量は細胞活動や組織ごとに調節され，そこにはさまざまな転写調節因子がかかわる．つくられたばかりのRNAは，スプライシングなどの加工・修飾を経た後，成熟RNAとなる．

5・1　RNAとは

5・1・1　RNAはDNAをコピーした分子

　DNAは塩基，糖（デオキシリボース），そしてリン酸からなるヌクレオチドを単位とし，それが線状に連なった分子で，遺伝情報は，塩基配列に含まれている（図5・1）．DNAは二本鎖として存在するが，細胞にはこのほかDNAのある部分の一方の塩基配列をもち，しかもDNAとよく似た分子，

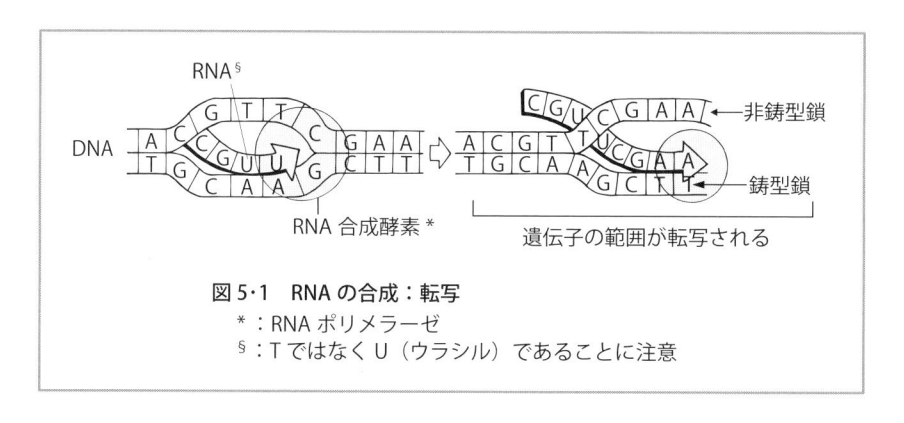

図5・1　RNAの合成：転写
　*：RNAポリメラーゼ
　§：TではなくU（ウラシル）であることに注意

RNA が存在する．つまり，RNA は DNA の一方の鎖を部分的にコピーした分子である．RNA の特徴として，まず「一本鎖」「DNA のある部分のコピー」「ヌクレオチドからなる」を覚えよう．

5・1・2　DNA との二つの大きな構造的違い

RNA は DNA と似ているが，二つの点で本質的に異なる．まずは構成成分であるヌクレオチド中の糖がデオキシリボースではなく，わずかに構造の違う（酸素が 1 個多い）**リボース**である（表 5・1）．第二の違いは，塩基 4 種類のうちチミンは使われず，代わりに**ウラシル**という塩基が使われる．ウラシルも，チミンと同様にアデニンと塩基対をつくる．前述したように，分子全体としては一本鎖でできている．

5・1・3　なぜ RNA が必要なのか？

遺伝情報は DNA にもあるので，それで充分という気もするが，RNA には確かな存在意義がある．第一に，もし DNA が頻繁に使われると傷つきやすくなる．そこで，DNA は保存分子としての役割に専念し，実働分子として，自らのコピーである RNA を使っている．第二に，個々の遺伝子は細胞内に 2 個分（2 コピー）しかないため，機能レベルをほんの少ししか変えられな

表 5・1　DNA と RNA の違い

	DNA	RNA
共通点	いずれもヌクレオチドが多数重合した分子	
糖	デオキシリボース	リボース
塩基	アデニン，シトシン，グアニン，チミンの 4 種	アデニン，シトシン，グアニン，ウラシルの 4 種
分子形態	二本鎖（二重らせん）	一本鎖
存在場所	核内	核と細胞質
合成の範囲	ゲノムの広い領域	遺伝子単位
大きさ	～数十億塩基対	数十～数万塩基長
分子種	細胞に 1～2 組	非常に多い
機能	遺伝情報の保存	多数ある（表 5・3 参照）
つくられ方	元 DNA から複製される	DNA を鋳型につくられる
合成酵素	DNA ポリメラーゼ	RNA ポリメラーゼ
細胞内安定性	安定	比較的不安定

い．そこで遺伝子は発現量をダイナミックに変化させるため，コピー分子であるRNAの合成量で機能レベルを調節する方法をとっている（注：ゼロから数万コピー分まで変化しうる）．第三に，RNAには後述するさまざまな生物学的活性をもつ．RNAは細胞活動にとって必要な分子であるが，逆に要らなくなったら速やかに分解される必要もある．事実，細胞内でDNAは安定だが，RNAは比較的不安定（数分〜数日で半分になる）である．

5・2　RNAは多様で働きもさまざまである

5・2・1　RNAの分類

　RNAの種類は遺伝子数より多い（⇒ 一つの遺伝子が複数種のRNAをつくりうるので）．RNAはその情報がタンパク質に変換されるものと，そうでないものに分けられるが，前者が圧倒的に多く，タンパク質を指定する（コード〔暗号化〕するという）遺伝子の数以上存在する．これらはタンパク質の情報（メッセージ）をもつので，**mRNA**（メッセンジャー〔伝令〕RNA）とよばれる．RNAの長さ（塩基数）は遺伝子の長さに依存し，数千〜数万塩基と多様である．ほかのRNAは非コードRNAといい，多くは何らかの働きをもつ**機能性RNA**である．

5・2・2　タンパク質合成に関与する3種類のRNA

　mRNAはタンパク質合成にかかわるが，それ以外にも，あと2種類のRNAがタンパク質合成にかかわる（表5・2）．一つ目は**rRNA**（リボソームRNA）で，タンパク質合成装置であるリボソーム（1章参照）に含まれる．

表5・2　タンパク質合成にかかわる3種類のRNA

RNAの種類	役割	特徴
mRNA（メッセンジャー〔伝令〕RNA）	タンパク質の構造情報をもつ．遺伝子数と同程度と非常に多い	大きさがさまざま（数百〜数千塩基長）
tRNA（トランスファー〔転移/運搬〕RNA）	アミノ酸をmRNAに結合したリボソームに運ぶ	アミノ酸の数だけ存在する．80塩基長程度と小型
rRNA（リボソームRNA）	リボソーム粒子の中に存在する．数種類存在する	リボソームの形成と機能に必要

rRNA の量は RNA の中で最も多いが，分子の種類は数個と少ない．二つ目は tRNA（トランスファー〔転移／運搬〕RNA）で，タンパク質の材料となるアミノ酸（2 章）をリボソームに運ぶ．tRNA は 80 塩基程度の小さな RNA で，少なくともアミノ酸の数（20 種）だけ存在する．

5・2・3 その他の RNA

生体反応の調節のためにタンパク質や種々の分子に結合し，調節機能を発揮する RNA を機能性 RNA とよぶが，一般に数十塩基と小さく，転写やスプライシング（後述），翻訳などの調節にかかわる（表 5・3）．この中には，遺伝子発現制御にかかわるマイクロ RNA（miRNA）や，アプタマー RNA（何かに結合することにより機能を現す RNA）が含まれる．最近，遺伝子以外の DNA 領域からも RNA が転写されることが発見されたが，その機能もいずれ明らかになると期待される．酵素活性をもつ触媒 RNA（例：リボヌクレアーゼ P [RNaseP] 中の RNA など．rRNA にも酵素活性がある）は**リボザイム**といわれ，また RNA ウイルスは RNA を遺伝子／ゲノムにもつ．

表 5・3　RNA の種類と機能

1. タンパク質合成に関与
2. 酵素として作用
3. スプライシングに関与
4. 遺伝子発現の調節に関与
5. ゲノムとして働く（ウイルスの場合）

> **Column**
>
> RNA ワールド
>
> 　地球上にはじめて出現した生物の遺伝子は RNA だったという考え方．RNA ウイルスやリボザイムが存在することから信憑性がある．RNA ワールドの RNA はやがて遺伝子機能を DNA に，酵素機能をタンパク質に委ねて，今の世界ができたと想像される．事実，RNA を元に DNA をつくる逆転写酵素が存在する．

5・3　RNA 合成：転写

5・3・1　3 種類の RNA 合成酵素：RNA ポリメラーゼ

RNA 鎖を合成する酵素は **RNA ポリメラーゼ（RNA 合成酵素）**で，真核細

胞は3種類の酵素をもつ．rRNA，mRNA，tRNA（その他，ある種の小さなRNAなども）はそれぞれRNAポリメラーゼⅠ，Ⅱ，Ⅲによって合成される．転写は核で起こるため，酵素も核にある．原核細胞は1種類の酵素しかない．

5・3・2 転写の始まる付近「プロモーター」での出来事

RNAポリメラーゼは転写開始部位付近のDNA，すなわち遺伝子上流（遺伝子を頭部〔読み始め部分〕と尾部〔読み終わり部分〕という方向性で表現した場合，頭部から見て尾部と反対側のDNA領域）の**プロモーター**という配列に結合する（図5・2）．結合によりDNAが部分的に変性し（＝一本鎖になる），そこへ基質のヌクレオチドが入り，それらが酵素により連結されてRNA鎖が伸びる．DNAの一方の鎖が鋳型となり（元となり），それに相補的な塩基のヌクレオチドが選ばれる．鋳型がチミン・アデニン(TA)と始まれば，RNAはアデニン・ウラシル（AU）と始まる（⇒TでなくUになることに注意）．RNAポリメラーゼが遺伝子の下流（上記参照．頭部から見て尾部の方向）に動くにしたがってRNA鎖が伸び，酵素が遺伝子の終点に達すると，DNAから外れる．

原核生物の場合，RNAポリメラーゼコア酵素（基本酵素）にシグマ因子が結合して完全な酵素（⇒ホロ酵素という）となり，上記の転写開始反応が起こる．真核生物ではまず複数の基本転写因子がプロモーターに集結し，それらが酵素をよび込み，活性化することで転写が開始する．

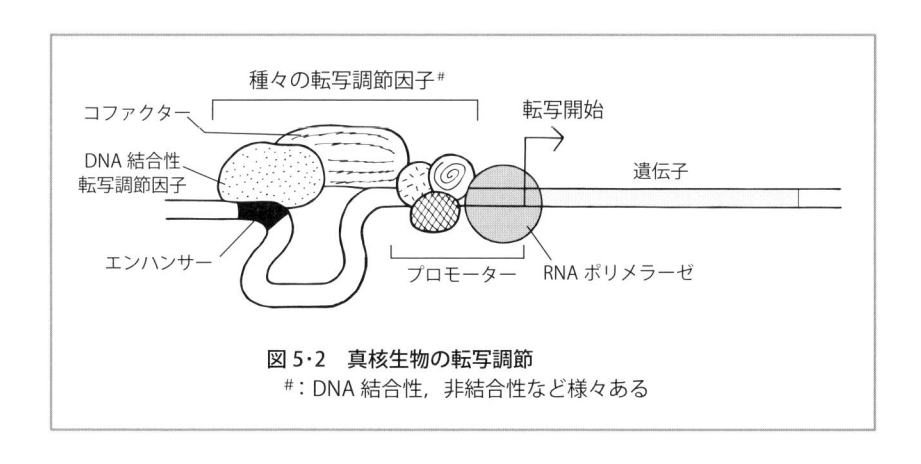

図5・2 真核生物の転写調節
#：DNA結合性，非結合性など様々ある

解説	**転写範囲：遺伝子の別の定義**
	複製では広い範囲の染色体が1回の合成反応で処理される．転写は遺伝子ごとに反応が起こり，タイミングもバラバラである．分子生物学では転写範囲を遺伝子の範囲とすることが多い．必ずしもRNAからタンパク質ができる必要はない．

5・4　生命現象の原動力：転写の制御

5・4・1　転写量はダイナミックに変化する

　細胞が増えたり分化する（特定の機能をもつように変化すること）ときには，そのような現象に必要な遺伝子の働きが上昇しなくてはならず，このため細胞は遺伝子発現量を転写量の上昇という方法で調節している（下降する場合もある）．肝臓でしか機能しない遺伝子は，肝臓以外で発現しては困るし，また成長ホルモンが作用したら，細胞増殖に必要な遺伝子発現が一斉に高まる必要がある．このように，転写量は時と場所（細胞や組織），そして状況により遺伝子ごとに変化する．

5・4・2　転写活性化配列とそこに結合する転写調節因子

　a. エンハンサー：真核生物のほとんどの遺伝子では，遺伝子近傍（主には上流）の特定 DNA 配列によってその転写が活性化される．このような DNA 配列は**エンハンサー**（enhance〔高める〕由来），あるいは単に**転写活性化配列**といわれ，数塩基対の長さをもつ（⇒ 逆に転写を下げる種類の配列もある）（図 5・2）．エンハンサーの数と種類，そしてその位置が遺伝子特異的なため，遺伝子ごとの転写調節が可能となる．

　b. 転写調節因子：エンハンサーが働けるのは，そこに転写調節（活性化）因子（主にタンパク質）が結合するからで，そのため，細胞は**転写調節因子**をもつ必要がある．因子の存在が細胞特異的な場合，エンハンサーは細胞特異的転写調節にかかわる．転写調節因子は千個以上存在するが，いくつかのタイプ（例：ロイシンジッパー，ジンク〔亜鉛〕フィンガー）に分類される．

5・4・3　原核生物に特有な遺伝子発現方式：オペロン

原核生物には複数の遺伝子が1回の転写でまとめて転写されるという現象がある．これを**ポリシストロニック転写**（注：poly は多くの，シストロンは遺伝子と同義）という．これに対し真核生物の転写は，1回で一つの〔mono〕遺伝子しか転写しない，**モノシストロニック転写**である．ポリシストロニック転写では，転写される複数の遺伝子に関連性がある（例：アミノ酸合成や，糖利用に関する一連の酵素遺伝子）．また転写調節では一つのプロモーターが使われ，プロモーター内にあるオペレーターという特殊な塩基配列が転写のオン・オフを司る．一つのプロモーター・オペレーターで支配される転写単位を**オペロン**という．大腸菌の乳糖（ラクトース）オペロンやトリプトファンオペロンなどが知られている．

Column

乳糖存在下で乳糖オペロンが発現するしくみ

乳糖オペロンは，通常は染色体の別の場所にある遺伝子でつくられるリプレッサー（抑制因子）がオペレーターに結合して転写を妨害するため，転写されない．乳糖を加えると，それがリプレッサーと結合して無力化してしまうので，オペロンの転写が起こり，乳糖の利用に関する酵素（例：乳糖を分解してブドウ糖などにする β-ガラクトシダーゼなど）遺伝子が発現する．

5・4・4　転写調節因子の作用機構

転写調節因子が遺伝子上流のDNAに結合すると，エンハンサーから遺伝子までのDNA部分が遠くに押しやられ，その結果，転写調節因子がプロモーターにある基本転写装置と結合し，それによりRNAポリメラーゼなどの活性が高められると考えられる（図5・2）．転写調節因子と基本転写装置の双方に結合し，両者の相互作用をさらに高める**コファクター**という種類の因子も存在する．

5・4・5　染色体結合タンパク質も遺伝子発現調節に関与する

真核生物染色体には**ヒストン**というタンパク質がぎっしりと結合し，**クロ**

マチンという構造をつくっているが、その部分は転写されにくい．つまり真核生物の遺伝子の発現は、負の調節を基本にしているといえる．転写調節因子などが結合することにより、この抑制が解除される．転写因子やコファクターの中には、ヒストンの解離や結合位置の変更（クロマチンリモデリングという），あるいはそれを化学的修飾（例：アセチル化）させるものがあるが，それは転写調節にかかわる．

5・5　RNA は合成された後いろいろと変化する

5・5・1　切断，修飾，編集による RNA の成熟

合成されたばかりの RNA はさまざまに加工される．よくみられる現象として，RNA の内部が 1〜数か所切断され，短い RNA が複数種できるという加工がある．次の機構は修飾である．一般に知られているものの一つは，塩基が化学的に少し変化する現象で，tRNA のいくつかの塩基などでみられる．三つ目は真核生物の mRNA に特有の現象で，RNA の頭部（転写され始める部分）に「キャップ」といわれる特殊なヌクレオチドが結合し，尻尾の部分にはアデニンを含むヌクレオチドが多数結合する（ポリ A 鎖付加）．これらは RNA の安定性とスプライシング（次頁参照）の効率化に関係する．特殊な加工の例として，単一ヌクレオチドの挿入や欠失，あるいは別のヌクレオチドに変化する，編集という機構がある．

> **Column**
>
> RNA 干渉（RNAi）
> 　mRNA が発現している細胞にその RNA の配列をもつ二本鎖 RNA を人為的に入れると，その遺伝子機能が抑えられる．この現象は RNA 干渉（RNAi: RNA interference）といわれ，多様な生物にみられるが，遺伝子機能を人為的に抑える方法として汎用されている．ダイサーという RNA 分解酵素で二本鎖 RNA が断片化され（産物を siRNA という），これが一本鎖となって標的 RNA と相補的に結合し，タンパク質合成を阻害したり，mRNA を分解したりする．この現象の発見により，2006 年，アンドルー・ファイアーとクレイグ・メローにノーベル生理学・医学賞が与えられた．

5·5·2　スプライシング：RNAのつなぎ換え

スプライシングはRNA分子の途中が抜け落ち，残った部分がつながるという，真核生物特有の現象である（図5·3）．抜ける部分を**イントロン**，残る部分を**エキソン**という．あるエキソンが使われたり使われなかったりする場合があり（⇨ 選択的スプライシングという），その場合は一つの遺伝子から異なるタンパク質がつくられる（⇨ 遺伝子有効利用法の一つ）．異なるRNA間でスプライシングが起こることもある．ある種のtRNAやrRNAには，RNA自身の力でスプライシングが進む機構が存在する（⇨ 自己スプライシングという）．

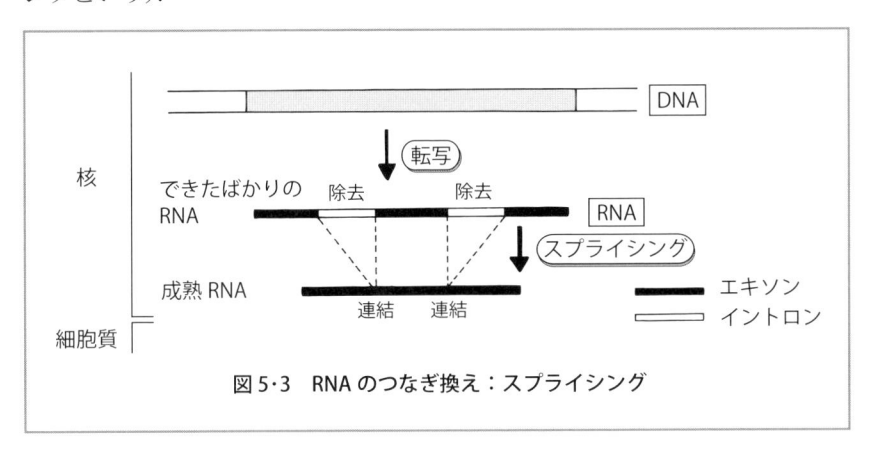

図5·3　RNAのつなぎ換え：スプライシング

演習　DNAの塩基配列がグアニン（G）- アデニン（A）- チミン（T）- シトシン（C）……（遺伝子が暗号化されている方と反対側のDNA鎖〔鋳型鎖〕で示した）と始まる遺伝子から転写されるRNAの配列を書きなさい．

6 翻訳：RNAからタンパク質をつくる

　DNAからmRNAに転写された塩基配列としての遺伝情報を，アミノ酸配列の情報に読み替え，タンパク質を合成する過程を翻訳というが，塩基がどのアミノ酸を指定するかは，3塩基1組のコドンで暗号化されている．タンパク質合成は，遺伝子の頭の部分から後ろに向かい，リボソームに結合したmRNA上で起こる．タンパク質はいろいろな修飾過程を経て成熟し，またそれぞれが必要とされる場所に輸送され，不要になったタンパク質は細胞内で分解処理される．

6・1　RNAの塩基配列をアミノ酸配列に読み替える「翻訳」

6・1・1　タンパク質合成をなぜ翻訳というか？

　大部分の遺伝子の目的はタンパク質をつくることである．タンパク質はアミノ酸が連なった線状分子であり，DNAもタンパク質も遺伝情報をもつことには変わりないが，書き込みに使われる文字や形式が異なる．このような観点から見ると，DNAのコピーであるmRNA（39頁参照）はDNAとタンパク質の間の情報受け渡し役とみなすことができる．細胞内では塩基配列からアミノ酸配列への読み替えが必要であり，そのためタンパク質合成を**翻訳**という（図6・1）．

6・1・2　アミノ酸を決める塩基配列暗号：コドン

　タンパク質の一次構造（14頁参照）を決めることはアミノ酸の配列を決めることなので，「塩基配列がアミノ酸の暗号を含む」とみなすことができる．塩基がアミノ酸を指定すること，あるいはアミノ酸の暗号になっていることを，「塩基がアミノ酸をコードする」と表現し，この表現を元に「このタンパク質はこの遺伝子／塩基配列にコードされている」という．

　20種類すべてのアミノ酸の遺伝コード（⇒　暗号となる塩基〔配列〕）が

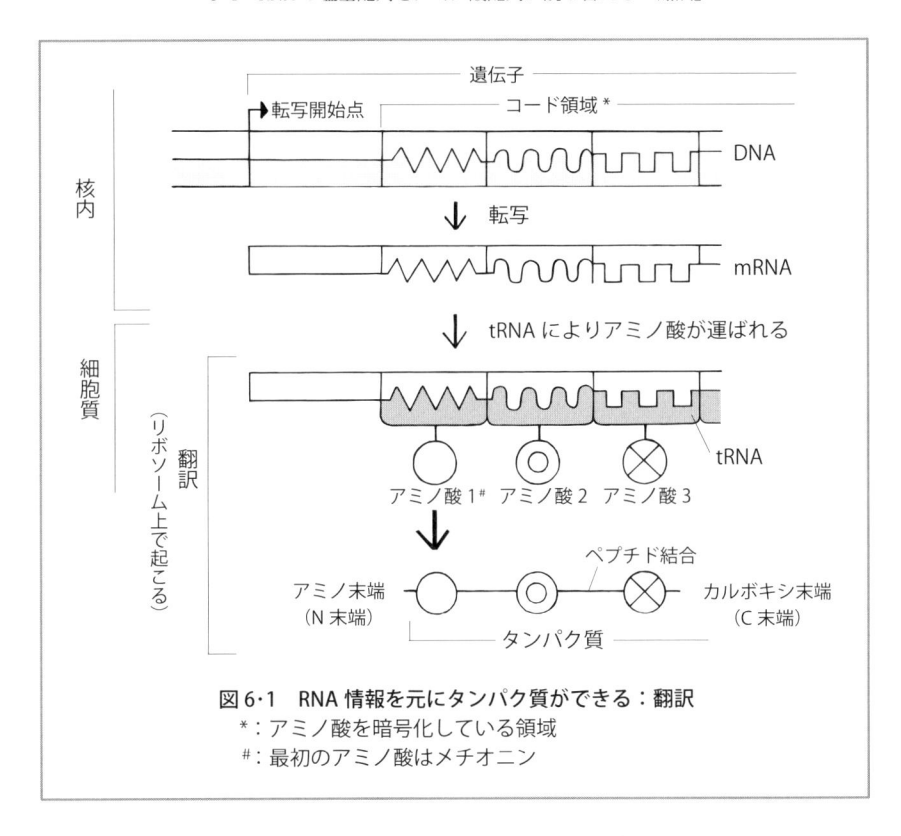

6·1 RNA の塩基配列をアミノ酸配列に読み替える「翻訳」　47

図 6·1　RNA 情報を元にタンパク質ができる：翻訳
*：アミノ酸を暗号化している領域
#：最初のアミノ酸はメチオニン

解明されている（図 6·2）．アミノ酸は 20 種あるが，1 塩基では 4 種類，2 塩基では 16 種類のアミノ酸しかコードできないことになる．実際には 3 塩基 1 組でアミノ酸がコードされている．アミノ酸をコードする連続した 3 塩基を**コドン**といい，mRNA 上の配列として現す．AAG はリシン，CUG はロイシンのコドンである．

6·1·3　コドンのダブリ，および開始コドンと終止コドン

遺伝暗号が 4 塩基から選ばれる 3 塩基の順列なので，暗号は 64 通り可能であるが，アミノ酸は 20 個しかない．この不一致は「一つのアミノ酸のために複数のコドンがある」という事実から説明される（例：セリンのコドンは 6 種類ある）．このコドンのダブリを**コドンの縮重**といい，主にはコドン 3 番目の塩基の違いによる．AUG はメチオニンのコドンだが，翻訳開始の

第1字目	第2字目				第3字目
	U	C	A	G	
U	フェニルアラニン	セリン	チロシン	システイン	U
					C
			×	×	A
	ロイシン		×	トリプトファン	G
C	ロイシン	プロリン	ヒスチジン	アルギニン	U
					C
			グルタミン		A
					G
A	イソロイシン	トレオニン	アスパラギン	セリン	U
					C
			リシン	アルギニン	A
	メチオニン				G
G	バリン	アラニン	アスパラギン酸	グリシン	U
					C
			グルタミン酸		A
					G

図 6・2 mRNA のヌクレオチド配列からアミノ酸への遺伝暗号解読表（コドン表）[§]
×: 指定するアミノ酸がない（ナンセンスコドン）
[§]: たとえば ACG というコドン（塩基の3つ組）が指定するアミノ酸はトレオニンである

シグナルでもある．UAG，UGA，UAA というコドンは指定するアミノ酸のない「**ナンセンスコドン**」で，翻訳の終止あるいは停止のシグナルとして機能する．

6・1・4　DNA 上にはコドン読み枠「フレーム」のマークはない

遺伝子内部の DNA が 3 塩基ずつコドンで区切られたとき，区切る枠を**読み枠「フレーム」**（あるいは**リーディングフレーム**）という．「塩基配列中にコドンの取り方を示すマークのようなものがあるのですか？」と聞かれるが，答えはノーである．コドンの取り方は自由なため，DNA には 3 種類のフレームがあると考えられるが，一つの遺伝子では特定の一つのフレームが真のフレームである．1 本の mRNA からまったく異なる 2 種類のタンパク質ができるときは，フレームの異なる二つの開始コドンが使われる．

6・2　翻訳が完了するまでにはいくつか段階がある

6・2・1　翻訳は細胞質で起こる

真核生物では転写は核で起こるが，リボソームが細胞質にあるため翻訳は細胞質で起こる．mRNA は DNA の遺伝情報を核から細胞質に運び，その

mRNA が細胞質では翻訳の鋳型として機能する（図 6·1）．原核生物は核がないので，転写が起こると，できかかった RNA にすぐリボソームが結合して翻訳も始まる．転写と翻訳が連続して起こるこの現象を**転写と翻訳の共役**（coupling）という．

6·2·2　翻訳に必須な最初の段階：tRNA とアミノ酸の結合

翻訳では，材料となるアミノ酸がタンパク質合成（すなわちアミノ酸の連結）の場であるリボソームに運ばれなければならない．翻訳の最初の必須ステップは，アミノ酸と tRNA の結合であり，このための酵素を**アミノアシル tRNA 合成酵素**という．この酵素は，アラニン用 tRNA にはアラニンといったように，アミノ酸とそれに対応する tRNA の組合せを厳密に一致させている．tRNA は 80 塩基程度の長さをもち，アミノ酸は対応する tRNA の末端と結合する．

6·2·3　リボソーム上の mRNA にアミノ酸 -tRNA が結合する

翻訳の次の必須過程は，上記**アミノ酸 -tRNA 複合体**が mRNA 中のコドン配列に合うように結合することである．この反応はリボソーム上で起こる．リボソームは大小二つの粒子からなる巨大な複合体で，それぞれは数個の rRNA と多数のタンパク質からなる．まず mRNA がリボソームに結合し，次に 1 番目のメチオニン -tRNA の tRNA 部分が mRNA の AUG コドンと相補的に結合する．mRNA と結合する tRNA の連続した 3 塩基部分を**アンチコドン**という．リボソームが開始コドンを認識する機構は真核生物と原核生物で違う．前者では，リボソームはキャップ構造（mRNA の頭の部分にある修飾構造）を認識し，最初の AUG コドンに移動するが，原核生物のリボソームは，開始 AUG コドンの少し上流にある特徴的な配列（SD 配列）に結合する．

6·2·4　アミノ酸が連結され続ける機構

上のように最初のアミノ酸が tRNA に連れられて AUG にやって来た後，次は 2 番目のアミノ酸 -tRNA がコドンに従ってメチオニン tRNA の横にやってくる．すると二つのアミノ酸が連結され，同時に tRNA が外れる．この後でリボソームが少し下流に移動し，第三のアミノ酸を連れた tRNA が第三のコドンに結合し，そのアミノ酸が 2 個のアミノ酸が連なった後に連結され，

tRNAが外れる．こうしてアミノ酸3個のペプチド（⇒ アミノ酸が連結した分子）ができ，あとはこの過程が繰り返される．アミノ酸を連結させる活性はリボソームの中のrRNAにある．

6・2・5 遺伝子とタンパク質の頭と尻尾のよび方

mRNAの頭はヌクレオチド中の糖（リボース）の構造から **5′末端**，尻尾は **3′末端** という．これに対しタンパク質は，頭を **アミノ末端**（あるいはN末端），尻尾を **カルボキシ末端**（あるいはC末端）という（図6・1）．核酸とタンパク質はいずれも方向性をもち，mRNAもタンパク質も遺伝子の頭から尻尾に向かってつくられる．

6・3 突然変異による翻訳への影響

6・3・1 点変異の場合

a. ミスセンス変異：塩基配列の中の一つのヌクレオチドが変化する点変異があると，それを転写したmRNAからの翻訳はどうなるのだろうか？ 結果は遺伝コードの変化の仕方により異なる．変異の結果できたコドンが別のアミノ酸を指定する場合，少しだけ変化したタンパク質がつくられる．このタイプの変異をミスセンス変異という．結果として，変異タンパク質が元と同じ機能をもつ場合もあるが，機能が少し低下したり，不安定になったり，あるいは機能を完全に失ったりと，さまざまである．

b. ナンセンス変異：点変異でコドンがナンセンスコドンに変化すると，そこで翻訳が停止する．このような変異をナンセンス変異という．ナンセンス変異では何らかの機構により細胞内の翻訳効率が低下し，またタンパク質ができたとしてもすぐに分解されてしまう（⇒ 実際には，細胞内にタンパク質はほとんど検出されない）．

6・3・2 ナンセンス変異を克服する裏技

突然変異でナンセンス変異になって遺伝子機能が欠損しても，細胞はある程度その変異を抑圧する（suppress：抑圧）能力がある．この機構の一つに，サプレッサーtRNAによる機構がある．サプレッサーtRNAは特殊なtRNAで，ナンセンスコドンに何らかのアミノ酸を指定することができる．

6・3・3 挿入, 欠失変異の場合

塩基の欠失や挿入がある場合, その数が2の倍数か3の倍数か, あるいはそれ以外かで結果が異なる. これは**読み枠**「**フレーム**」(48頁参照) が変化するかどうかにかかっている. 3の倍数 (3, 6, 9……) であれば, 変異部位の下流のフレームは元のままなので, 翻訳は最後まで行く. 結果として, 変異タンパク質がつくられる (注：挿入されたフレーム内に終止コドンがある場合はこの限りではない). これに対し, それ以外の挿入／欠失ではそれ以降のフレームがずれるので, いずれナンセンスコドンが現れ, 翻訳は停止する. この場合はナンセンス変異のような結末になる.

6・4 翻訳が終わってからの出来事

6・4・1 タンパク質成熟のための加工

a. 切断：タンパク質の多くはつくられた後に修飾を受けて成熟する. 修飾が起こる場所は小胞体やゴルジ体 (5頁参照) が多い. タンパク質が内部でタンパク質分解酵素により決まった場所が切断され (**限定分解**), 成熟タンパク質ができることがある (例：消化酵素のキモトリプシン, 血液凝固にかかわる因子, 糖を細胞に取り込ませるインスリン).

このような成熟とは別の機構として, タンパク質が小胞体や細胞膜などの膜を通過するとき, タンパク質の端の脂質になじみ易い部分 (⇒ この部分を**シグナルペプチド／リーダー配列**という) が切り取られる現象がある. タンパク質の頭 (アミノ末端：上述) はメチオニンなので, 最初のアミノ酸がメチオニンでないものは限定分解産物と考えてよい.

b. 化学的修飾：タンパク質中のアミノ酸が, 共有結合を介してある原子集団 (**基**という) やさまざまな分子と強く結合する現象 (＝**修飾**) もよくみられる. 修飾は主にゴルジ体で起こる. 付加されるものとしてはリン酸基, メチル基, アセチル基のような小さなものから, ヌクレオチド, 糖 (鎖) や脂質, さらにはユビキチン (下記参照) などのタンパク質が付く場合などがある. 修飾はどのアミノ酸にも起こるわけでなく, 決まった場所の決まったアミノ酸に起こる (例：リン酸化はセリン, トレオニン, チロシンに起こる).

このような修飾により，タンパク質が機能を得たり失ったりする．

6・4・2 タンパク質を必要な場所に移送する

タンパク質はそれが必要とされる部分に輸送されなくてはならないが，その方法には二つある．一つはすでにタンパク質の構造の中に輸送の信号（シグナル）がある場合である（例：核移行シグナル）．もう一つは，シグナルペプチドをもつタンパク質が膜を通過し，さまざまな細胞小器官に入り込む現象である．入り込んだ後，膜に包まれたままタンパク質が細胞の別の場所に移動したり，細胞外に排出（あるいは分泌）されたりする．

6・4・3 不要タンパク質の分解

タンパク質が細胞内でアミノ酸にまで分解／消化されることもある（図6・3）．一つは用済みタンパク質が速やかに分解される場合で，**プロテアソーム**という巨大なタンパク質複合体で分解される．細胞分裂や転写調節などのような細胞制御にかかわる場合にもこの方式がよく使われる．翻訳に失敗したタンパク質や，熱などで変性したタンパク質もプロテアソームで分解される．プロテアソーム分解を受けるタンパク質は，**ユビキチン**という小さなタンパク質が鎖状に多数ついている．つまり，ユビキチン鎖が分解の目印となっている．

A：リソソームによる分解
　　（役目を終えた寿命の長いタンパク質，異物）
B：プロテアソームによる分解
　　（比較的寿命の短い調節タンパク質）

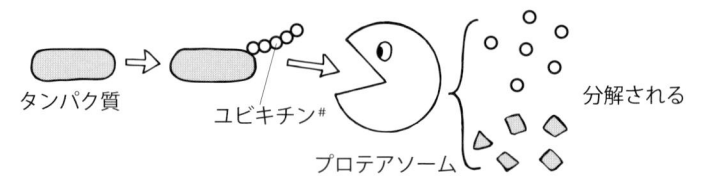

図6・3　タンパク質の分解
#：ユビキチンという小さなタンパク質がたくさん結合する

Column

タンパク質が増える？　プリオンによる狂牛病の発症

　分子生物学では複製できる遺伝情報は DNA のみ（ある種のウイルスでは RNA も）とされており，タンパク質が自己複製できるとは想定してない．狂牛病（BSE．脳細胞破壊が原因で死に至る牛の病気）の牛の肉を食べることによりヒトが感染し，同じような病気に罹るのではないかと社会問題になっている．

　この病気の病原体はプリオンという，本来，遺伝子に組み込まれているタンパク質である（図6·4）．プリオンによる病気は，ヒト（例：クロイツフェルトヤコブ病）や動物にいくつかあり，どれもよく似た症状を現す（神経変性疾患に見られる症状）（105頁参照）．プリオンは分解・消化されにくく，細胞に沈着するように分子形が変化しやすいが，遺伝子が変異すると，この性質がなおさら強くなる．異常プリオンが正常プリオンと接すると，正常型を異常型に換えてしまうため，見かけ上「感染し，増殖する」という現象が起こる．

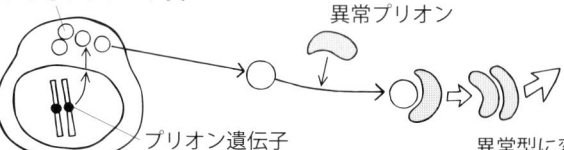

<プリオンタンパク質が原因で起こる病気>

- ヒト
  - 遺伝性
    - クロイツフェルト・ヤコブ病（CJD）
    - 致死性家族性不眠症
  - 感染性
    - 変形型 CJD（BSE から）
    - 医原性 CJD（硬膜移植による）
- 動物
  - スクレイピー（羊，ヤギ）
  - 牛海綿状脳症 [BSE]（ウシ）

<異常プリオンが「感染」「増殖」するメカニズム>

図6·4　狂牛病の原因：プリオン

もう一つの分解は，**リソソーム**という細胞小器官（5頁参照）を使う方式である．リソソームには多数のタンパク質分解酵素が含まれる．細胞内で役目を終えた比較的寿命の長いタンパク質や，細胞の中に取り込まれた異物タンパク質などがこれにより分解される．

解説

プロテオーム
　細胞内の全タンパク質 (protein) をまとめてプロテオーム (proteome) という．遺伝子（gene）を含む DNA のセットをゲノム (genome) という表現に倣っている．プロテオームはゲノムと違い，組織ごとに異なる．

演習

タンパク質から遺伝子の構造を推定しよう
　遺伝暗号表を元に，タンパク質のアミノ酸配列から遺伝子構造（塩基配列）を推定できる．「メチオニン - チロシン - トリプトファン」というペプチド（短いタンパク質）の，考えうる塩基配列をすべてあげなさい．

7 染色体は多様な遺伝情報を含む

　染色体の数，形，DNA含量は生物に特有である．染色体は必須構造として，末端のテロメアと中央部の動原体，そして多数の複製起点をもつ．染色体はクロマチンというDNA-ヒストン複合体からなり，何重にも折りたたまれて核に収納されている．DNAは遺伝子と多くの非遺伝子領域，そしてさまざまな反復配列を含む．DNAやヒストンは様々に修飾されているが，それらは細胞分裂を通じて保存されている．クロマチンの修飾に基づく遺伝現象というものも存在する．

7・1　染色体

7・1・1　生物は2セット分の染色体をもつ

　理科の実験で，タマネギの皮をガラスで潰し，紫色の液をかけて顕微鏡で観察すると，細胞内に紫色に染まった棒状のものが何本も見えたという経験をもつ読者もいるだろう．これが**染色体**である．染色体の数は生物で決まっていて，ヒトで46本，イヌで78本，クロカビで8本と，2の倍数である（表7・1）．細胞がメスとオスの染色体を半分ずつ受け継いでいるため，同じ形の染色体（これを**相同染色体**という）が2本ずつある．生殖細胞（精子と卵）の染色体数を n，体細胞（普通の細胞）を $2n$ と表わすのはこの理由による．染色体は通常伸びていて顕微鏡では見えないが，分裂直前になると縮んで太くなり，見えるようになる．このときにはDNA複製は終わっている（つまり $4n$）．倍加した2本1組の染色体（$2n$）は中央部（**動原体**）で接している（1組の各1本（n）を染色分体という）．

表7・1　染色体数は2の倍数*

生物名	染色体数
ヒト	46
マウス	40
カエル	26
出芽酵母	36
エンドウ	14

* 一倍体の菌類は必ずしもこうはならない

細胞分裂時，微小管繊維が動原体に結合し，染色分体を娘細胞に分ける．

7・1・2 染色体の数や DNA 量と進化との関連は？

上述のように，染色体数は生物進化とは無関係である．染色体の長さがまちまちなため，染色体数と DNA 量との相関もあまりない．DNA 量と進化との関連は，昆虫より脊椎動物の方が DNA が多いという事実があるものの，魚はヒトより DNA 量が多いとか，ヒトの 100 倍の DNA をもつイモリがいるなど，例外も多い．

解説 **DNA の複雑性**

DNA 中のユニーク配列（59 頁参照）が長いほど，その DNA の複雑性が高いと表現する．ヒトは大腸菌より複雑性が高い．DNA 量が同じでも，同じ配列が 10 回繰り返しているだけであれば，複雑性は 10 分の 1 に下がる．

7・1・3 染色体の必須要素とは

染色体が安定に存在し，複製後の娘細胞に等分されるためには，三つの要素が必須である（図 7・1）．第一は複製起点で（31 頁参照），染色体に多数存在する．第二は動原体で，染色体の中央付近に 1 か所あり，セントロメアという特殊な DNA 配列をもつ．第三は染色体の両末端で，テロメア（末端小粒）といい，染色体同士の結合や，端からの分解を防止している．繰り

○ 複製起点	染色体に複数ある．DNA 複製に必要
○ セントロメア	動原体（微小管の結合部位）．内部に一か所ある
○ テロメア	両端に存在．染色体の安定化に働く

図 7・1 染色体 DNA の三つの必須要素

返しをもつ特殊な DNA で，複製のたびに少しずつ失われる（33 頁参照）．

7･1･4 染色体の特殊な存在様式

ハエや蚊などの昆虫の唾液腺細胞では，染色体が倍加しても細胞が分裂せず，染色体がどんどん太くなる巨大な**多糸染色体**が存在する．この中にある膨らんだ部分「パフ」は，遺伝子発現の盛んな部分と一致する．ある種の動植物には，染色体全体が三，四倍体となる，**同質倍数体**というものがある．ニワトリなどでは，数えられないほどの数の微小な染色体が存在する．

7･2 クロマチンの構造

7･2･1 巨大 DNA を小さな核に収納できる理由

ヒトの DNA は一倍体に換算して約 30 億塩基対と非常に長く，全部を伸ばすと 1 メートル以上になる．核の直径は 10 マイクロメートルしかなく，そのままでは DNA は中に入らない．そこで真核生物は**ヒストン**というタンパク質に DNA を巻いて**ヌクレオソーム構造**をつくり，この DNA－タンパク質複合体「**クロマチン**」を凝集させて核に収納している．多くの染色体遺伝子の発現は抑えられているが，この抑制にもクロマチンが関与する．

7･2･2 クロマチンタンパク質：ヒストン

ヒストンは核に存在する塩基性（酸性と反対の性質）の DNA 結合タンパク質で，いくつかの種類がある．その中心は DNA に強く結合する 4 種類のコアヒストンで（図 7･2），このほか DNA とゆるく結合するリンカーヒストンも存在する．ヒストンのアミノ末端（50 頁参照）はテイル（尾）とよばれ，化学修飾され易い（例：リシンのアセチル化）．この修飾のパターン「ヒストンコード」は，遺伝子の発現などに影響を与える（下記も参照）．

7･2･3 クロマチンが何重にも折り畳まれるメカニズム

8 個（4 種類が 2 個ずつ）のコアヒ

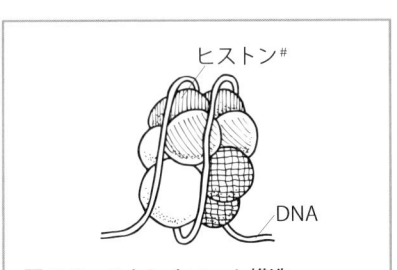

図 7･2　ヌクレオソーム構造
［DNA がヒストンに巻きついている］
＃：4 種が各 2 個ずつある

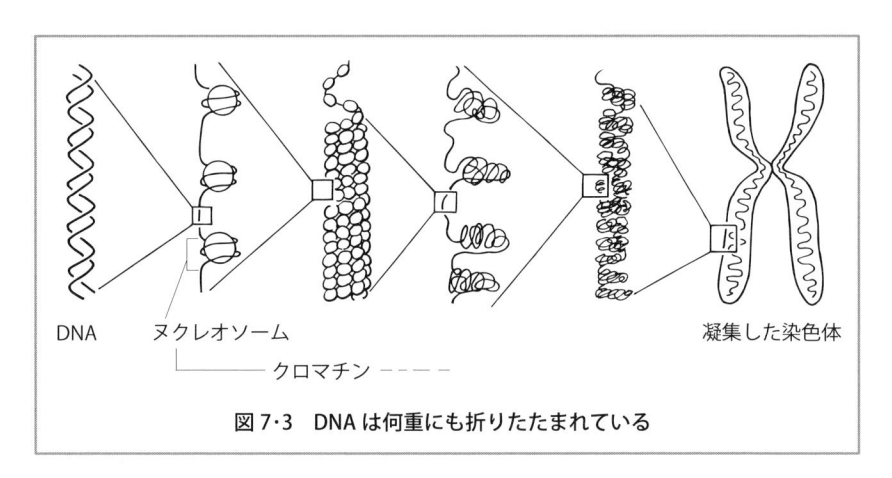

```
                        DNA                           凝集した染色体
      ヌクレオソーム
      └─── クロマチン ────┘
         図 7·3  DNA は何重にも折りたたまれている
```

ストンが単位となり，そこに 146 塩基対の DNA が 2 度巻き付いてヌクレオソームという粒子が形成される．これが 200 塩基対ごとにでき，数珠状構造をとる．このヌクレオソームを基本とする DNA - タンパク質複合体（注：実際にはヒストン以外のタンパク質も少し結合している）がクロマチンである．伸びた構造のヌクレオソームはリンカーヒストンにより束ねられて太くなる．核内ではこれがさらに折り畳まれて，より太い繊維として存在する．このように，クロマチンは何重にも折り畳まれてコンパクトになっている（図 7·3）．顕微鏡で見える染色体は，これがさらに凝集したものである．

| 解 説 | **精子ではもっとコンパクトなクロマチンになっている**
クロマチン状態の DNA でもまだ遺伝子発現や複製の余地があるが，精子ではヒストンよりも塩基性の強いプロタミンが使われており，遺伝子発現能は完全に失われている．

7·3 真核生物のゲノムはさまざまな種類の DNA 配列からできている

7·3·1 ゲノム DNA とゲノムでない DNA

染色体に含まれる遺伝子と非遺伝子すべてを合わせた 1 セットを**ゲノム**という．真核生物染色体は二倍体なので 2 組のゲノムをもつ．ゲノムは細胞の生存に必須な遺伝的要素を指し，ミトコンドリアや葉緑体の DNA は含

めない．細菌の中に共生しているプラスミド（114 頁参照）もゲノムではない．ウイルスがもつ全 DNA をウイルスゲノムと表現するので，RNA ウイルスのゲノムは RNA である．

7・3・2　ユニーク配列と反復配列

a. ゲノムを二つに大別する：真核生物のゲノムは原核生物に比べて多くの DNA を含むが，その内容をいくつかの基準で分類できる（図 7・4）．DNA 中に一度しか出て来ない配列を**ユニーク配列**といい，何回も繰り返して出てくるものを**反復配列**という．ユニーク配列には大部分の遺伝子が含まれるが，まだ非遺伝子の方が格段に多い．反復配列の大部分は非遺伝子で，ゲノムの 2～3 割を占める．

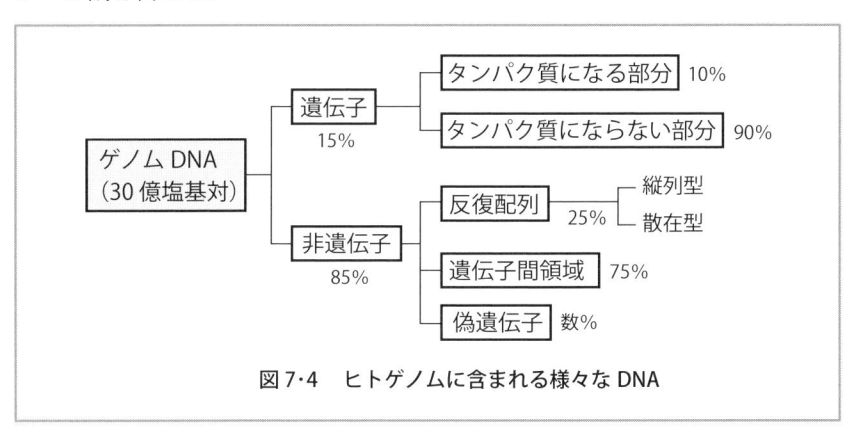

```
ゲノム DNA ─┬─ 遺伝子 ─┬─ タンパク質になる部分 10%
(30 億塩基対) │  15%    └─ タンパク質にならない部分 90%
            │
            └─ 非遺伝子 ─┬─ 反復配列 25% ─┬─ 縦列型
               85%      │              └─ 散在型
                        ├─ 遺伝子間領域 75%
                        └─ 偽遺伝子 数%
```

図 7・4　ヒトゲノムに含まれる様々な DNA

b. 反復配列は 2 種類ある：一つは**縦列反復配列**といわれ，数個～百個の配列が連続して何回も繰り返している．この中の一つ，サテライト DNA は家系により異なるので，DNA 鑑定などとして利用される（121 頁参照）．DNA ポリメラーゼが同じところを何度も複製してしまうためにできたと考えられる．もう一つは**散在性反復配列**といい，数百～数千塩基対の配列が散らばって，多数存在する．このタイプの配列は，トランスポゾン（114 頁参照）が移動しながら増えたなごりである．

c. 遺伝子でも多数存在するものがある：遺伝子の中で，タンパク質をコードしない rRNA や tRNA は同じものが多数存在する．

7·3·3　遺伝子の数と遺伝子の密度

現在の基準では，遺伝子であるかどうかは，機能をもつRNAあるいはタンパク質をコードするかで決められる（⇒ 今後，基準が変わり，増える可能性がある）．典型的遺伝子数は酵母で約6千個，ヒトでは少なくとも2万2千個である．ヒトの遺伝子の長さは数千〜数十万塩基対，ゲノムのサイズが30億塩基対なので，遺伝子はゲノム全体の15％程度にしかならない．広大なゲノム中に遺伝子が散りばめられているというのが実体である．原核生物は数千個の遺伝子（⇒ イントロンがないので，遺伝子自体の大きさもほぼ1万塩基対以下）をもつが，ゲノムサイズがヒトの0.1％程度しかなく，遺伝子は隙間なくギッシリ詰まっている状態にある．

7·4　ゲノムレベルの遺伝子変動

7·4·1　遺伝子ファミリー

程度の差こそあれ，ある遺伝子と塩基配列が似ている遺伝子が存在する．このような遺伝子同士は機能も類似し，特定の**遺伝子ファミリー**に分類されるが（例：グロビン遺伝子ファミリー），各々には役割分担がある（⇒ 作用する物質，時期，細胞が異なるなど）．類似性が低い場合は異なる機能をもつこともある．遺伝子ファミリーは，遺伝子の重複（下記）と変異が進化の過程で起こったために生じたと考えられる．ファミリーとはしないが，遺伝子の重要な機能部分だけを共通にもつ例もある（例：DNA結合領域）．

解　説	**類似遺伝子のよび方**
	類似遺伝子はホモログといわれるが，一つの生物ゲノム中にある類似する遺伝子をとくにパラログ，同じ機能をもつが異なる生物間に分布する類似遺伝子をオルソログ（＝相同遺伝子）という．個々のパラログには，それぞれの役割分担がある．

7·4·2　遺伝子の増幅や再編

遺伝子構成は簡単には変化しないが，生理的に（⇒ 病的ではなく，必然

的に）遺伝子が増幅したり再編される例が知られている．カエル卵の rRNA 遺伝子は受精後一時的に千倍以上増える．薬剤処理にかかわる酵素の遺伝子が増える例も知られている．このような一過的な**遺伝子増幅**には，その部分だけが増える特殊な染色体複製方式が使われるらしい（染色体がちぎれ，断片として増えるなど）．**遺伝子重複**は，進化の過程で組換えがかかわったと予想される．**遺伝子の再編**はリンパ球中の抗体遺伝子など，免疫関連遺伝子にもみられる（12章参照）．

7・4・3 染色体異常

染色体の制御や組換え機能が不自然に働き，部分三倍体や組換えが染色体レベルで起こることがあるが，それが生殖細胞で起こると，胎児が致死になったり，**染色体異常**という先天性疾患になることが多い．ダウン症候群で21番染色体が3本になったり，性染色体が3本（XXY や XYY など）になる例がある．体細胞での染色体異常が癌や白血病につながる場合があり，ある種の白血病では22番染色体に9番染色体の一部が付いたフィラデルフィア染色体がみられる．

7・5 塩基配列に支配されない遺伝：エピジェネティックス

7・5・1 対立遺伝子は必ずしも同等の機能をもたない

遺伝情報は DNA に塩基配列という形で書き込まれているが，塩基配列以外にも遺伝的な情報をもつ機構がある．「父親似」「母親似」といった場合，似るために必要な多くの遺伝子の塩基配列が父と母で違うとは考えにくい．動物のメスの2本のX（性）染色体の一方は発現しないように抑制される（オスと同じレベルにするため）が，このX染色体不活化は片方のX染色体にのみ起こる．このような現象を**ゲノムインプリンティング**（**遺伝子刷り込み**）といい，塩基配列によらない．インプリンティングは，遺伝子の働きが何らかの機構で最初から決定されていることによる．このように，塩基配列によらない遺伝形式を**エピジェネティックス**（**後生的遺伝**）といい，その実体はクロマチンの修飾である．ゲノムとエピジェネティックスに関するものをあわせ，エピゲノムという（図7・5）．

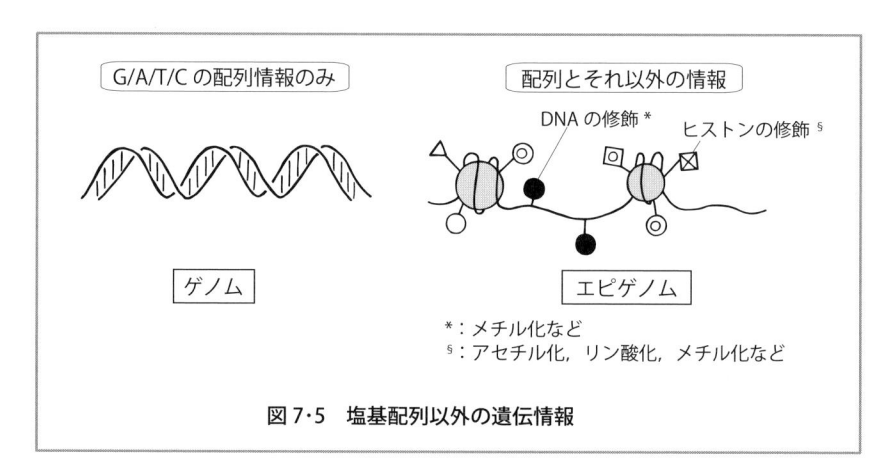

```
┌─────────────────────────────────────────────────────────────┐
│  ┌──────────────────┐          ┌─────────────────────┐      │
│  │ G/A/T/C の配列情報のみ │          │ 配列とそれ以外の情報 │      │
│  └──────────────────┘          └─────────────────────┘      │
│                                   DNA の修飾*   ヒストンの修飾§    │
│         (DNA helix)                   (chromatin diagram)    │
│                                                              │
│         ┌──────┐                      ┌──────────┐          │
│         │ ゲノム │                      │ エピゲノム │          │
│         └──────┘                      └──────────┘          │
│                                *：メチル化など                │
│                                §：アセチル化，リン酸化，メチル化など │
│                                                              │
│              図 7・5  塩基配列以外の遺伝情報                  │
└─────────────────────────────────────────────────────────────┘
```

7・5・2 インプリンティングはクロマチン修飾とその記憶により起こる

クロマチンは DNA とヒストンからなるが，インプリンティングにかかわるクロマチン修飾の中心は DNA の塩基の化学修飾（メチル化）である．このほか，あるいはこれと連動したヒストンの化学修飾や，結合位置の変更もある（44 頁参照）．重要なことは，このような修飾が細胞分裂後も継続されることであり，このために「遺伝」現象が起こる．このような修飾は，塩基配列以外の，別種の遺伝コードとみなすことができる．

7・5・3 インプリンティングは生殖細胞でリセットされる

上のように各細胞で異なるインプリンティングが起こっていても，受精したときにはクロマチンの環境をいったんリセットする必要がある．事実，基本修飾パターンにリセットする修飾が生殖細胞において起こる．

Column

なぜオスが必要か？

卵がオスの関与なしに発生（細胞分裂して成長すること）する現象を単為生殖・単為発生といい，昆虫などの下等動物や植物ではよくみられる．しかし哺乳類ではオスの配偶子（精子）との受精が必須である．この理由として，インプリンティングされた精子ゲノムの必要性が指摘されている．事実，卵中の特定遺伝子を人工的にインプリンティングさせると，単為発生する．

7・5・4 インプリンティングの異常が病気を起こす

インプリンティングが異常になると，遺伝子発現調節においていろいろな問題が起こる．癌や白血病になった細胞では，特定遺伝子（領域）のクロマチン修飾が変化していることが多い．インプリンティングの異常が発生・分化（9章）に影響を与え，奇形が起こることもある．

> **演習** DNA量が400万塩基対と20億塩基対の細胞AとBで，それぞれの遺伝子数が2千（遺伝子長が千塩基対）と2億（遺伝子長が1万塩基対）個の場合，遺伝子密度（一定塩基長の中に含まれる遺伝子の数）はどちらがどれだけ大きいか．

8 細胞の分裂，増殖，死

　真核細胞の増殖は，G_1 期にある細胞が S 期 − G_2 期 − M 期 − G_1 期と，決められた過程を順に繰り返す．この周期性を細胞周期という．細胞周期の進行には正と負の調節因子が多数かかわり，各ステップが確実に済んだかが確認されてから，次のステップに入る．生殖細胞では染色体が半分になる減数分裂が起こる．細胞には遺伝子発現をともなって自分自身が死滅するアポトーシスという現象があり，あるものは自然に，あるものは生理的に，あるものは病気が原因で起こる．

8・1　真核細胞の分裂増殖には周期性がある

8・1・1　細胞周期は四つのステップからなる

　真核生物細胞の増殖においてみられる主要な出来事の一つは DNA の合成（**s**ynthesis）で，あとの一つは細胞分裂（**m**itosis）である．これらが起こる時期をそれぞれ **S 期**，**M 期**という．この二つの間隙（**g**ap）のうち，M 期 → S 期を **G_1 期**，S 期 → M 期を **G_2 期**という．細胞増殖は必ず G_1 期 − S 期 − G_2 期 − M 期という順序で進み，元（G_1 期）に戻る．この一周を**細胞周期**という（図 8・1）．S 期は約 7 時間，G_2 期は約 2 時間，M 期は約 1 時間であるが，G_1 期の長さはまちまちである．細胞が倍になる時間は 10 時間以上だが，この時間の違いは主に G_1 期の長さの違いによる．

8・1・2　G_1 期にある細胞の生育条件が整うと S 期に入る

　細胞がいったん S 期に入ると，再度 G_1 期に戻るまでは止まらない．G_1 期で長く留まっている状態を **G_0 期**という．栄養がなくなったり，周囲に細胞がギッシリあると，細胞は G_0 期に入る．G_1 期にある細胞は条件が整うと S 期に入り，染色体の複数の場所（複製起点）から複製が同時に開始する．

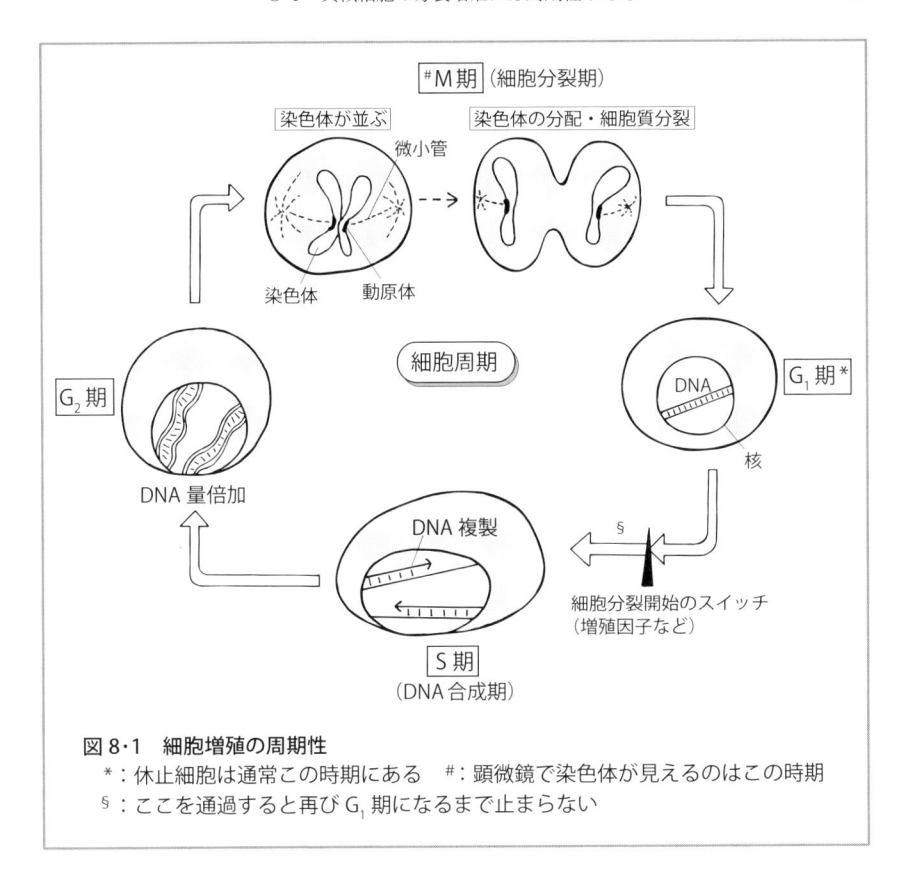

図 8・1 細胞増殖の周期性
 * : 休止細胞は通常この時期にある　# : 顕微鏡で染色体が見えるのはこの時期
 § : ここを通過すると再び G_1 期になるまで止まらない

8・1・3　G_2 期は M 期の準備期間

G_2 期は M 期のための休息期ではなく，M 期のために準備する期間である．S 期で使われた調節因子などが分解され，M 期に必要なものが準備され，染色体が凝縮し始める（⇒ すでに M 期が始まっているとの見方ができる）．

8・1・4　M 期では細かなステップを段階的に進む

M 期を 5 段階に細分化することができる．①**前期**：染色体が顕微鏡でみえるくらいに太くなり（注：倍加した染色体〔正確には姉妹染色分体〕2 本が中央で接合する），中心体（1 章参照）が 2 個になる．②**前中期**：微小管繊維が，中心体が変形した星状体と染色体中央の動原体に結合する．核膜が消える．③**中期**：染色体が中央に整列する．④**後期**：微小管により染色体が

両側に引っ張られる．⑤**終期**：細胞質に仕切りができ，くびれる．

8・2 細胞周期のコントロール

8・2・1 細胞周期を回すエンジンとなる分子：CDK の発見

はじめに，卵の成熟や M 期に必要なタンパク質として **MPF** が発見された．次にこの MPF が二つのタンパク質が結合したものであることがわかった．これらはタンパク質にリン酸基をつける酵素(タンパク質リン酸化酵素)活性をもつ **CDK** と，**サイクリン**というグループに入るタンパク質であった．エンジンの主体は CDK であり，サイクリンはその活性発揮に必要である（表 8・1）．

表 8・1 細胞周期の制御にかかわる分子群

原動力となる分子	各種 CDK*	CDK2（M 期に働く）
		CDK4/6（G_1 → S に働く）
アクセルとなる分子	各種サイクリン	サイクリン A（S 期，M 期）
		サイクリン B（M 期）
	その他（サイクリン結合因子，CDK 活性化因子）	
ブレーキとなる分子	サイクリン阻害因子	p21
	サイクリン分解因子	APC/C（ユビキチン・プロテアソーム系§）
	CDK 不活化因子	Wee1

* CDK：サイクリン依存キナーゼ（タンパク質リン酸化酵素）
§ 本文 6・4・3 参照

解 説 **タンパク質リン酸化酵素**

専門用語で「プロテインキナーゼ」という．タンパク質（中のアミノ酸）をリン酸化することにより，そのタンパク質を活性化（まれに不活化）する．作用するタンパク質や，修飾するアミノ酸により多くの種類がある．

8・2・2　細胞周期のそれぞれの時期にそれぞれの分子が働く

M期特異的MPFは，CDKとしてCDK2（Cdc2ともいう），サイクリンとしてM期特異的なサイクリンBからなるが，別の時期には別のCDKおよびサイクリンが働く．つまり，細胞には定常的にCDKが用意されており，細胞周期特異的なサイクリンによりその時期に限定して機能が発揮されることになる（表8・1）．

8・2・3　エンジンのアクセル役とブレーキ役の分子がある

a. アクセル分子：上述したように，サイクリンはCDKにとっての主要なアクセルである．それ以外のアクセル分子の一つは，CDK自身をリン酸化するタンパク質リン酸化酵素で，もう一つはリン酸基を除く（脱リン酸化）酵素である（注：矛盾するように思えるが，リン酸化されることにより活性化に向かうアミノ酸と不活性化に向かうアミノ酸があるために起こる現象）．

b. ブレーキ分子：一つはリン酸化酵素で，上記の活性化用脱リン酸化酵素に対抗する．次はCKIといわれる一群のタンパク質で，CDKに結合してその活性を抑える．最後はユビキチン化因子と（例：APC/Cという酵素），ユビキチン化タンパク質を分解するプロテアソームである（52頁参照）．

c. 両者のバランスが正常な細胞増殖に重要：細胞周期がうまく回るためには，アクセルとブレーキがバランスを保たなくてはならない（表8・1）．アクセル欠陥／ブレーキ過剰だと細胞が死んでしまい，逆にアクセル過剰／ブレーキ欠陥だと制御を無視して増殖し，癌細胞になってしまう．

8・2・4　細胞周期を進行させてよいかどうかのチェック

細胞が細胞周期を回ってよいか，あるいは次のステップに入ってよいかが確認されなくては，正常な増殖はできない．このために細胞にはいくつものチェック機構があり，その**チェックポイント**をクリアした場合のみ，次のステップに進める．G_1期では，DNAに損傷がないか，細胞が充分なサイズになっているか，DNA合成を開始してもよいか，テロメアの長さは充分あるかなどがチェックされる．S期では複製が完了したかのチェックが行われ，G_2期では再度DNAに損傷がないかや複製が正しく行われたかどうかがチェックされる．M期では染色体中央の動原体に必ず1本の微小管が結合されてい

ることが確認され，その後で染色（分）体を付けていた糊状分子がすべての染色体で同時に分解されるため，染色体が確実にしかも同時に娘細胞に分けられる．

解説	**複製のライセンスを一度だけ与える**

　　　　細胞がS期に入るための準備を終了し，複製OKのサインを出すことを複製のライセンス化という．これはある調節タンパク質（MCMなど）が複製起点に結合することで成立する．複製が開始すると調節タンパク質が外れたり分解されるので再度結合しない．このため，複製は一度しか起こらない．

8·2·5 チェックで問題がみつかった場合は？

　チェック機構によって問題がみつかった場合，細胞はそれを修復し，終了するまで待ち，一時的にその場で細胞周期を停止させる．どうしても修復ができない場合は，細胞は自ら死（アポトーシス）を選択し（70頁参照），異常な状態での増殖を自己規制している．この機構は癌細胞を増やさない機構にもなっている（98頁参照）．

8·3　細胞増殖調節にかかわる因子：p53とRB

8·3·1　DNA損傷チェックポイントにかかわるp53

　p53はDNA結合性転写調節因子である．DNA損傷剤でDNAが傷つくと，それを感知した細胞が種々のタンパク質リン酸化酵素（ATM，Chk1など）を動員してp53をリン酸化（活性化）し，p53が多くの遺伝子を発現させる．発現する遺伝子は大きく分けてG_1期での細胞増殖を抑制する因子（例：CKI〔上述〕），DNA修復因子，そして細胞死を誘導する遺伝子（72頁参照）がある．p53は損傷を克服するために一時的に細胞増殖を止めてDNA修復を促すが，それが無理と判断した場合には細胞を死へ誘導する．

8·3·2　S期へ進行を監視するRB

　RBタンパク質は，E2F（S期のための遺伝子発現に関与）という転写調節因子と結合し，E2Fが働かないようにしている．G_1期からS期に移行する

ときにはCDKによりRBがリン酸化され（E2Fから外れる），E2Fが自由になるので，遺伝子発現が起こってS期が進行する．p53は細胞増殖を停止させる因子CKIの遺伝子を発現させ，できたCKIがCDK／サイクリンを阻害する．

8・3・3　p53とRBは癌の抑制に効いている

二つの調節因子p53とRBは，細胞が暴走して増えすぎないように働き，細胞が癌になることを防止する．実際この二つの因子の遺伝子は「癌抑制遺伝子」として有名である（97頁参照）．大部分の癌ではp53遺伝子が変異している（つまり機能欠損がある）．一方RBは網膜芽種（retinoblastoma：小児の目の癌）から発見されたが，この癌ではRB遺伝子が変異している．

8・4　生殖細胞をつくる特殊な細胞分裂：減数分裂

8・4・1　生殖系列細胞

体をつくる細胞は体細胞といい，染色体は$2n$（n本の倍）本である．これに対し，染色体nの成熟した生殖細胞と，それになる前の細胞を合わせて**生殖系列細胞**という．生殖細胞は動物では精子と卵（卵子），種子植物（種をつくる一般の植物）では花粉と卵(めしべの根元の胚珠の中にある)である．

8・4・2　減数分裂で染色体が半分になる

生殖細胞では，**減数分裂**という特殊な細胞分裂が起こる（図8・2）．動物の場合，卵や精子の元となる細胞が増え，それが卵母細胞や精母細胞になる．この細胞がS期－G_2期－M期を経て2個の細胞がつくられるが，ひき続きS期をスキップして再度M期に入るため，できた細胞の染色体数がnとなる．

8・4・3　生殖細胞にみられる特徴

減数分裂の最初の分裂を**第一分裂**，次を**第二分裂**という．第一分裂のM期に相同染色体（父方，母方に由来する染色体のペア）が接近し，その間で組換えが頻発するため，組換えの様子（**キアズマ**）を顕微鏡で見ることができる．この時期は分裂過程がしばらく止まる．結局1個の卵／精母細胞からそれぞれの生殖細胞は4個できる．卵ではこのうち1個のみが成熟した卵になり，ほかは成熟せず，退化した**極体**となる．

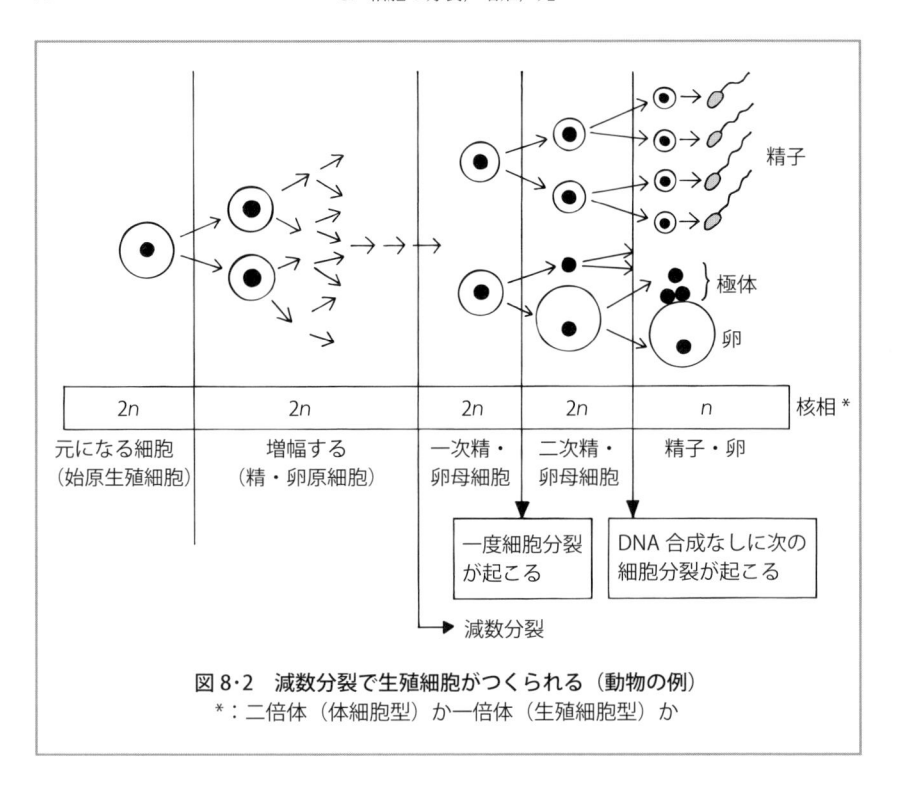

図 8·2　減数分裂で生殖細胞がつくられる（動物の例）
＊：二倍体（体細胞型）か一倍体（生殖細胞型）か

8·5　細胞死にも秩序がある

8·5·1　2種類の細胞死

細胞の死に方には壊死（ネクローシス．火傷や毒物，細胞溶解性病原体の感染などが原因）と自死の2種類があり，後者を**アポトーシス**という．アポトーシスは基本的に生理的（自発的，必然的に）に起こる予定された死であるが，このほか増殖因子やホルモンの低下，癌，神経疾患（アルツハイマー病など），自己免疫病などの病的原因でも起こる．

8·5·2　アポトーシス細胞の特徴

アポトーシス細胞ではまずクロマチンが縮んで切れ，細胞がバラバラになり，マクロファージ（食作用のある白血球）により貪食（飲み込んで食べられる）・消化される（図 8·3）．壊死と違い，短時間に段階を追って進み，エ

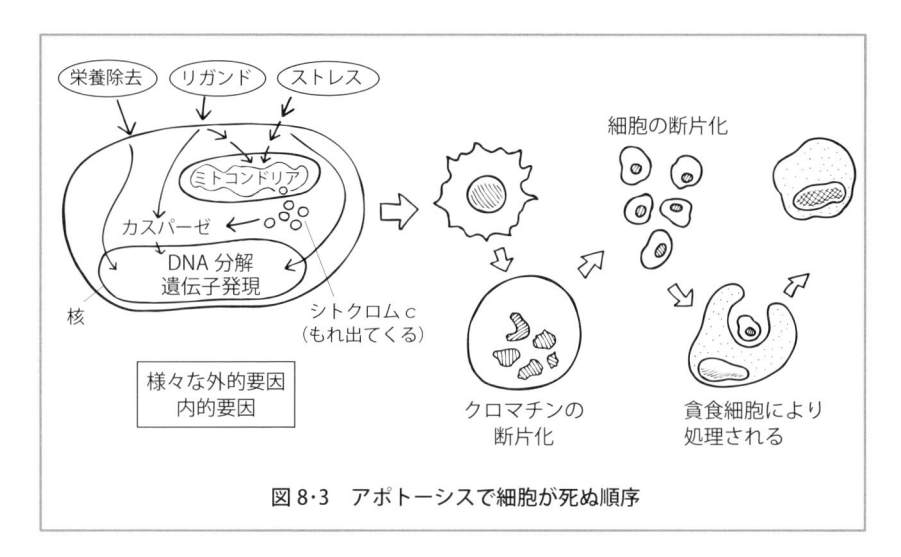

8・5 細胞死にも秩序がある　　71

図8・3 アポトーシスで細胞が死ぬ順序

ネルギーを必要とする．アポトーシスは遺伝子発現の下で秩序だって起こるため，その遺伝子発現を誘導する細胞外刺激や細胞内因子によっても起こる．アポトーシス経路は遺伝子に組み込まれて起こる「細胞の自殺」と捉えることができる．

8・5・3 自然界でみられるアポトーシス

自然界で広くみられる「予定細胞死」はアポトーシスである．ヒトの場合も，成長にともなう胸腺の萎縮や上皮細胞の新陳代謝（古い細胞が死んで新しい細胞に置き換わること）など，多くの場所で起こっている．オタマジャクシの尻尾の退縮，胎児の指の間の水かき部分の消失，植物の落葉もアポトーシスである．

8・5・4 アポトーシスはいろいろな原因で起こる

アポトーシスの誘因にはいろいろある．細胞外から細胞に作用する因子（＝このようなものを**リガンド**という）（例：細胞壊死因子やFasリガンド）が，細胞表面の特異的結合タンパク質／装置（＝このようなものを**受容体**という）に結合して起こる例がいくつかある．紫外線や放射線，細胞傷害性の薬物，そして熱や酸素低下などのストレスもアポトーシスを起こす．

8·5·5 アポトーシスを実行する酵素群：カスパーゼ

アポトーシスが起こるためには**カスパーゼ**という酵素が重要な役割を果たす．カスパーゼはアポトーシスに関与するタンパク質分解酵素の総称で，多くの種類がある．最終的に死の過程を実行するカスパーゼ3は，さまざまな細胞内タンパク質を分解するとともに，DNA分解酵素も活性化するため，クロマチンの切断が誘導される．

Column

アポトーシス実行までにはいろいろな経路がある

アポトーシス誘導には種々の経路がある．受容体が関与するタイプではある種のカスパーゼ（上記）が活性化され，それがカスパーゼ3を活性化する．細胞傷害性要因ではミトコンドリアが関与する．細胞傷害性ストレスがあると複数の遺伝子（*Puma*, *Bax* など）が発現し，それがミトコンドリア膜上で働き，膜が弱くなって中のシトクロムc（電子伝達系酵素の一つ）が細胞質に漏れ出る．漏出が信号となり，その結果，カスパーゼが次々に活性化し，カスパーゼ3が活性化する（図8·3）．

演習 　p53やRBの遺伝子が変異して機能を失った細胞はどのような変化を起こすか．このような遺伝子を一般に何と言うか．p53は細胞周期を停止させたりアポトーシスを誘導するが，これはp53のどういう（一般的な）働きによるか．

9　発生と分化：誕生するまでのプロセス

　受精卵は細胞分裂を繰り返しながら個性ある細胞となり，組織や器官が形成され，個体となる．この発生という過程では細胞の分化が必須であるが，分化細胞生成の原動力には，内的なものと外的なものの2種類がある．分化細胞を生み出す細胞を幹細胞というが，その種類は発生初期に出現する分化の全能性をもつ胚性幹細胞（ES細胞）から，単一の組織にしか分化できないものまでさまざまである．分化は成体組織でも再生という形で絶えず起こっている．

9・1　発生・分化の概要

9・1・1　発生の概念は意外に新しい

　発生とは，受精卵またはそれに相当する細胞から個体ができる過程で，多細胞生物に特有な生命現象である．昔はそのプロセスがわからず，ヒトの場合は精子の中に小さなヒトがいて，それが子宮内で膨張するようにして胎児が成長すると考えられていた．受精卵が細胞分裂を繰り返す過程で組織や器官がつくられ，個体になるという考え方はそれほど古いものではない．

9・1・2　胚発生

　a. 個体の萌芽「胚」：動物の受精卵が細胞分裂を繰り返し，成長して外界に出るまでの状態を**胚**という．哺乳動物の場合は**胎児**ともいう．受精卵が分裂して細胞数を増やし，密集した細胞集団となった胚（＝これを胞胚という）までを，とくに**初期胚**という．

　b. 分化と形態形成：胚発生が進むと細胞ごとに違いがみられるようになり，やがてその違いが際立ってくる．細胞によっては運動性をもち，胚の中の位置が変化するようになる．このように細胞に個性が出ることを**分化**という．発生の特定の時期の特定の場所でさまざまな方向に分化することにより，

受精卵からさまざまな種類の細胞が生まれ，組織や器官がつくられるが，この過程を**形態形成**という．

9・1・3 発生・分化は遺伝子発現制御の流れの中で進む

分化は細胞ごとの遺伝子発現の違いによって起こる．ゲノムはどの細胞でも等しいので，細胞の違いは，発現する遺伝子／しない遺伝子があったり，発現量の違いがあることが原因となる．遺伝子発現の違いは主に転写量の違いによるが，この違いを生む要因は**転写調節因子**（42頁参照）である．それら転写調節因子自体も，細胞間相互作用，細胞の外から作用する増殖調節因子，そして別の転写調節因子など，いろいろな要因で調節される．

9・2 受精から器官ができるまで

9・2・1 受精までのプロセス

減数分裂により，元になる1個の細胞から4個の精子や卵(卵子)がつくられる（69頁参照）．ただ，高等動物の卵ではそのうち1個しか成熟せず，ほかの3個は未熟な細胞（＝極体）に退化し，卵の表面に付着し，やがて消滅する．精子が卵に侵入すると，細胞内ではカルシウムイオンがダイナミックに動いて細胞を調節し，次の精子の侵入が阻止されるので，重複受精は起きない．哺乳類の場合，このときの卵は減数分裂の第二分裂の途中にある（69頁参照）．やがて精子中の核と卵細胞中の核が融合し，$2n$の染色体数となり，最初の体細胞ができる．

9・2・2 まず受精卵が分裂して数を増やし，初期胚ができる

受精卵の細胞分裂を**卵割**というが，その様式は動物の種類により異なる．受精卵の特定の部分（トリは一部分で，ハエは表面で）から卵割が始まるものもあるが，カエルや哺乳類では受精卵全体が分裂する．2細胞期 → 4細胞期 → 8細胞期……と細胞（割球）が増え（注：全体のサイズは変化しないので，結果的には細胞がどんどん小さくなる），やがて細胞境界がわからなくなるほど細胞が密になり，**胞胚**という状態になる（図9・1）．ウニやカエルの胞胚は，内部に空洞（卵割腔）ができる．

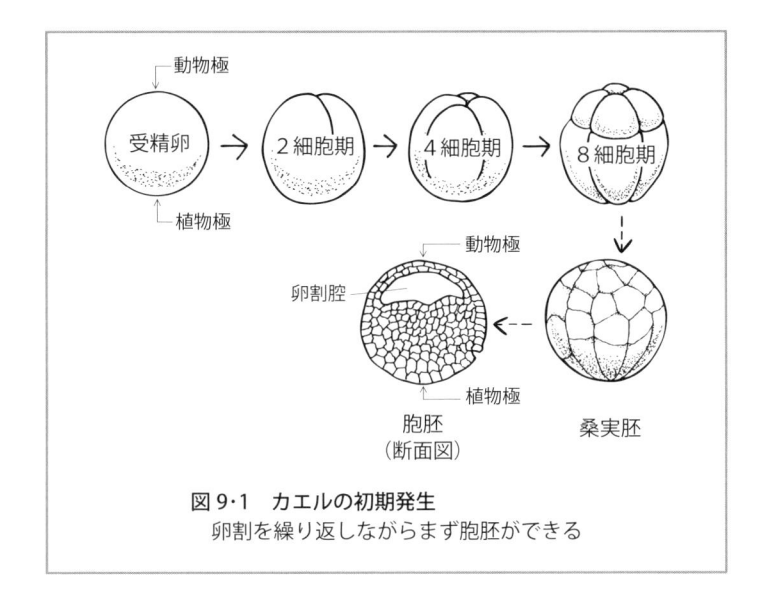

図 9·1　カエルの初期発生
卵割を繰り返しながらまず胞胚ができる

| 解　説 | 卵の方向性：動物極と植物極 |

極体のある側を卵の動物極といい，反対側を植物極という．つまり，受精前から卵の位置，あるいは方向は決められている．

9·2·3　胚発生が進み，段階的に成体らしくなる

　胞胚には目立った分化細胞はない．カエルでは胞胚の一部（オーガナイザー）から細胞が内側に陥入し，3種類の**胚葉**（内胚葉，中胚葉，外胚葉）という領域ができる（図9·2）．成体の器官がどの胚葉からできるかは，この時期に決まる（内胚葉：腸や呼吸器．中胚葉：腎臓，生殖器，血管系，骨，筋肉．外胚葉：表皮や神経）．どの動物でも，ある程度の細胞移動が起こって胚葉がつくられる．この時期の胚は腸の原形ができるので，**原腸胚**という．この後，カエルでは背中がくびれて中枢神経系の原形ができ（**神経胚**），さらには魚に似た形になり（**尾芽胚**），器官の原形がほぼでき上がる．ほかの脊椎動物でも似たようなプロセスがみられる．

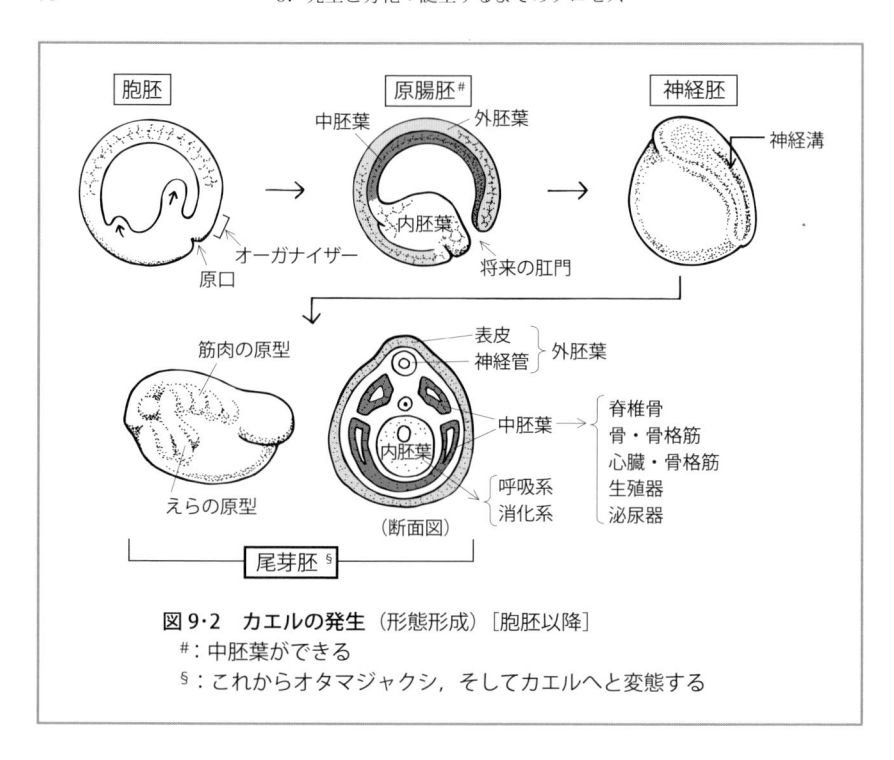

図9・2 カエルの発生（形態形成）［胞胚以降］
　＃：中胚葉ができる
　§：これからオタマジャクシ，そしてカエルへと変態する

解　説　**個体発生は系統発生を繰り返す**

　ヒトの発生・分化でも，発生の途中にはエラが出現したり，オタマジャクシ様形態になったりする．このことから，個体の発生は進化の過程（魚類 → 両生類〔カエルなど〕→ → 哺乳類）を再現しているといわれる．

9・2・4　オーガナイザーは形態形成で主導的役割を果たす

　上記のように，原腸胚になるためには胞胚の特定部分が重要な役割をもち，カエルの場合は，**オーガナイザー**がそれにあたる（注：ほかの動物も同じようなものがあると考えられる）（図9・2）．オーガナイザーを切り取って別の胞胚に移植すると，移植したところから分化した胚が生じる（＝二つの体をもつ奇形オタマジャクシになる）．このことから，オーガナイザーには形態形成の決定に必要な調節因子が含まれていることがわかる．

9・3 ショウジョウバエの研究によりわかったボディープラン

9・3・1 発生の初期にまず体の方向性が決まる

分化ではまず前後，上下，左右という体の概要，すなわち体制が決まる．カエルではすでに述べたように，受精卵の段階で，体制の概略が決定するが，体制決定のしくみの解明には，ハエ（ショウジョウバエ）を使った研究が重要な役割を果たした．ハエの卵の中には種々の**母性因子**（メスの体から供給されて卵に入るタンパク質）が存在するが，その分布にははじめから偏りがある．ビコイドやコーダルといった母性因子は前方に多く，他の母性因子ナノスは後方に多く分布するが，これらはいずれも転写調節因子である．卵割（ハエは卵表面で卵割が進む）によってつくられた細胞ごとに，これら母性因子により調節される遺伝子（＝下流遺伝子）の発現程度に差が生じ，それにより前後の体軸に沿って異なる分化や形態形成が始まる．

9・3・2 次に体の各部分「節」の特徴が決まる

発生が進むと**母性効果遺伝子**（母性因子の遺伝子）の標的となる種々の下流遺伝子が発現する．まず胚を大まかな領域に分ける遺伝子，次に2節ずつに分割する遺伝子群が働き，最後に体節の特徴を決める遺伝子（ホメオティック遺伝子）が働く．昆虫には頭，胸，腹などのいくつもの節があるが，胸であれば脚と羽根ができるといった特徴は，ホメオティック遺伝子によるものである．この遺伝子に突然変異が起こると胸が2個できたり，頭から脚が生えたりする．ホメオティック遺伝子には多くのものが知られているが（例：*Hox*遺伝子群），哺乳類や植物にも存在しており，やはり器官形成に重要な役割を果たしている．

9・3・3 ホメオボックス遺伝子

ホメオティック遺伝子には，ホメオボックスというDNA結合にかかわる特徴的な構造がある．ホメオボックスをもつ遺伝子をホメオボックス遺伝子といい，非常に多くの種類がある．前述の母性効果遺伝子(例：ビコイド，コーダル)もこの仲間である．ホメオボックス遺伝子は器官形成に広くかかわる．

解説 口のでき方で動物を二つに分けることができる

カエルの発生の項で述べたように，胞胚の一部が貫入して原腸ができるが，陥没した部分（原口）は将来の肛門となり，口は後で反対側にできる．このタイプの動物を後（新）口動物といい，ヒト，カエル，ウニなどが含まれる．これに対しハエやミミズでは，原口がそのまま成体の口になる．このようなタイプの動物を前（旧）口動物という．前口動物は神経が腸より下（腹側）にあり，後口動物ではその逆になる．

9・3・4 上下，左右の決定も発生プランに組み込まれている

動物の身体の上下関係は，ドーサルという母性効果をもつ転写調節因子が胚の上下で偏りがあることで決められる．動物の身体は必ずしも左右対称ではないが（例：心臓が左にある），これも左右を決める遺伝子により調節されている．

9・4 元と異なる細胞が生まれる分化のしくみ

9・4・1 分化には元の細胞「幹細胞」の非対称な細胞分裂が必要

分化細胞が生まれる場合には細胞分裂が必要である．細胞 A が元になって細胞 B に分化する場合，多くは，A から A と B ができる．このような形式の分裂を**非対称分裂**という．B は B のまま分裂増殖する．細胞 B を供給する元細胞 A を**幹細胞**という．すなわち幹細胞は自己複製能と分化細胞産生能という二つの能力をもつ（図 9・3）．

9・4・2 非対称細胞分裂には二つの機構が関与する

細胞分裂が対称にならない原因の一つは細胞自身にある（内因的原因）．細胞内の運命決定因子（例：aPKC や PAR-1）や紡錘体（星状体から出る微小管）が細胞内で偏って分布することが理由である（図 9・3）．もう一つの機構として，細胞外環境が原因となる場合がある（外因的原因）．幹細胞の近くにあり，その性質に影響を与える局所環境を幹細胞ニッチというが，ニッチにある細胞から細胞調節物質が分泌され，その影響の程度の違いが分化に

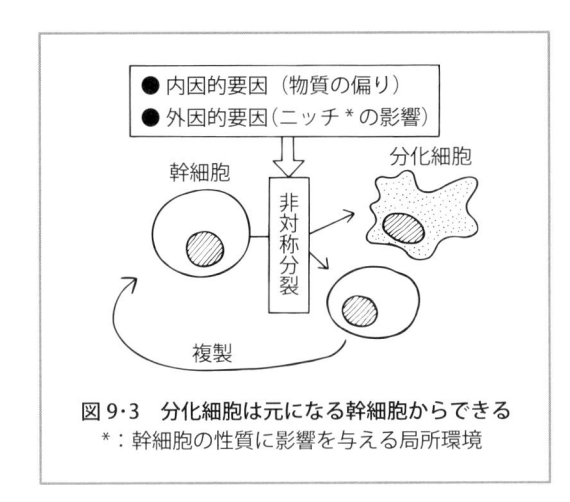

図 9・3 分化細胞は元になる幹細胞からできる
＊：幹細胞の性質に影響を与える局所環境

影響を与えるという機構がある．

9・5 分化細胞を補充する現象：再生

9・5・1 身近なところで起こっている再生

トカゲの尻尾を切ってもまた伸びてきて，やがて元と同じように再生する．**再生**は成体において，失われた細胞や組織が補充され，元の状態が維持されることであるが，発生・分化を考えるうえで重要な現象である．ヒトでも多くの組織や器官で再生がみられる（図9・4）．骨，上皮系組織（皮膚や毛，腸の表面の細胞など），骨髄（骨の内部の血液をつくるところ）などでは，常に新しい細胞が供給されている（生理的再生）．折れた骨が接着したり，肝臓の一部分を切っても再び元の大きさにまで戻るような現象も，再生のなせるワザである（条件的再生）．

9・5・2 再生のときも，幹細胞からの分化が起こっている

再生も特定の部位における細胞の分化なので，上述のように，分化細胞を供給する元の細胞である幹細胞が必要である．事実，骨髄には造血幹細胞が大量に存在し，皮膚の下部や毛の根元にも幹細胞がある（図9・4）．筋肉や神経は再生しにくいが，まったくしないわけではなく，幹細胞の存在が示唆されている．

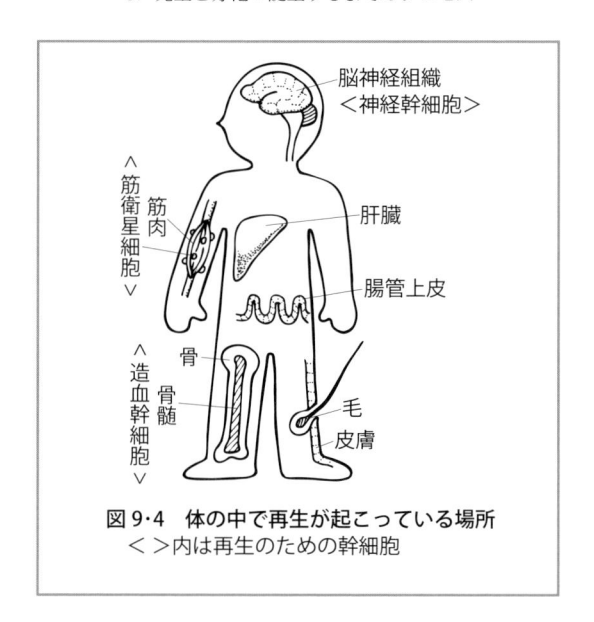

図 9・4 体の中で再生が起こっている場所
＜＞内は再生のための幹細胞

9・5・3 幹細胞の種類：分化能にもいろいろなレベルがある

どのような細胞・器官に分化できるか，どの時期（胚の時期か成体の中か）に存在するかにより，幹細胞を区分することができる．初期胚の中にある幹細胞を**胚性幹細胞**，分化した胚や成体にあるものを**体性幹細胞**（生殖組織にあるものは生殖幹細胞）という．多くの細胞に分化できるものを**多能性幹細胞**（骨髄幹細胞：造血細胞以外，神経や筋肉，表皮になることができる），特定のものにしか分化しないものを**単能性幹細胞**という．

9・5・4 分化の全能性

何の細胞や器官にでもなれる（＝個体をまるごとつくることができる）能力を**分化の全能性**といい，事実そのような細胞（**全能性幹細胞**）が存在する．この細胞の代表は上記の胚性幹細胞で，胞胚期の胚の内部の空洞部分に塊（内部細胞塊）として存在する．幹細胞ではないが，卵も分化の全能性を備えている．生物によっては成体の体細胞が分化の全能性を示すものがある．プラナリア（ナメクジ状の扁形動物）という下等動物は体を細かく切り刻んでも，その断片から完全な１個の個体に成長する（ヒトデにも，弱いが似た能力

がある）．植物には分化の全能性があるため，体の一部（実験的には根や茎の1個の細胞からでも）から完全な個体をつくることができる．

9・5・5　培養できる全能細胞：ES 細胞

分化の全能性のある胚性幹細胞は別名 **ES [embryonic stem] 細胞**といい，胚から取り出して，人工的に培養し増やすことができる．いくつかの哺乳動物で成功している．ES 細胞は培養条件を整えると希望の組織や器官に分化させることができ，これを利用して医療に役立てようという試みがなされている（**再生医療**）．ES 細胞は胞胚に戻すと個体にまで成長するため，**遺伝子導入生（動）物**（124 頁参照）や遺伝子改変生（動）物をつくるための材料にもなる．

> **演習**　体内で再生が盛んに起こっている組織，逆に再生の程度が非常に低い組織にはどのようなものがあるか．大人のヒトの体内には，一つの完全な個体を作れるほど分化能の高い細胞が 1 種類だけある．それは何か．

10 細胞間および細胞内情報伝達

　増殖，分化，運動などにかかわる細胞から細胞への情報伝達は，ホルモンや細胞調節因子で誘導される．それら因子は細胞表面にある受容体に結合し，受容体を活性化する．活性化された受容体は，転写調節因子などの最終標的因子の活性化のために，タンパク質リン酸化酵素やGタンパク質，あるいは脂質や二次伝達物質をシグナル伝達因子として利用する．神経興奮も細胞間／細胞内シグナル伝達の一つだが，電気信号を用いる点と神経伝達物質を用いる点で特徴的である．

10・1　細胞に情報を伝える：細胞間情報伝達

10・1・1　情報伝達には複数の方式がある

　細胞に情報を伝えて，性質を変化させることは，多細胞生物の特徴の一つである．細胞と細胞の情報のやり取りを細胞間コミュニケーション，あるいは**細胞間情報伝達**という（図10・1）．膵臓から出たインスリンが全身の細胞の生存を維持することはその一例である．細胞間情報伝達には，主に拡散可能な物質（＝別の場所からやってくる物質）が関与するが，これには低分子で細胞内代謝（2章）にかかわる物質が直接細胞に入る場合と，細胞表面に付着する場合の二つの方式がある．

10・1・2　リガンドと受容体

　上記の拡散可能な物質を**リガンド**（ligand: 機能性タンパク質などに特異的に結合する物質）といい，タンパク質や低分子のホルモン，神経伝達物質（90頁参照）などと多様である．リガンドに特異的に結合するタンパク質を**受容体**といい，一般には細胞表面にある．リガンドが結合することにより，受容体が活性化される（注：ただし活性化方式は受容体で異なる）．

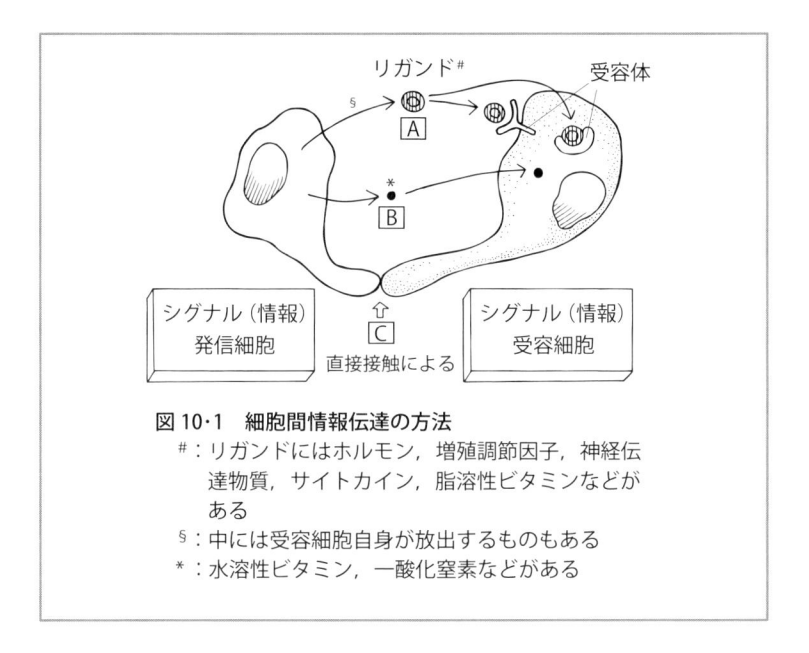

10・1 細胞に情報を伝える：細胞間情報伝達

図 10・1 細胞間情報伝達の方法
\#：リガンドにはホルモン，増殖調節因子，神経伝達物質，サイトカイン，脂溶性ビタミンなどがある
§：中には受容細胞自身が放出するものもある
*：水溶性ビタミン，一酸化窒素などがある

解説　**アゴニスト（作動薬）とアンタゴニスト（拮抗薬）**
　受容体に結合して特異的な生理作用を示す物質をアゴニストといい，結合するが，作用を起こさないものをアンタゴニストという．生理的なリガンド（つまりアゴニスト）があっても，より結合力の強いアンタゴニストがあるとリガンドは効かなくなり，薬として使用されることがある（例：花粉の付着を阻止する花粉症薬）．

10・1・3 細胞間情報伝達因子の多様性

a. ホルモン：特定の内分泌器官から出て血液で全身に運ばれ，細胞機能の調節や細胞増殖や分化にかかわるものを**ホルモン**という．インスリン（膵臓から分泌）や成長ホルモン（脳下垂体から分泌）はタンパク質で，ステロイドホルモン（性ホルモン，副腎皮質ホルモン）や甲状腺ホルモンは脂質である．脂溶性（油に溶ける）ホルモンの情報は独特な方式で細胞内に届く（88頁）．

b. サイトカイン：細胞がつくり，細胞の増殖や分化などにかかわる調節／活性化タンパク質を**サイトカイン**という (cytokine：cyto は細胞の意)．

作用細胞や作用形式により，上皮細胞増殖因子，腫瘍増殖因子，腫瘍壊死因子など，多くのものがある．白血球がつくる場合にはインターロイキンといい，ウイルス感染を阻止する物質として発見されたインターフェロンなどもここに含まれる．

c. ビタミン：栄養として摂取するもので，代謝調節にかかわるものを**ビタミン**という．水溶性ビタミンにはCとB群があるが，受容体はなく，B群のビタミンには補酵素（酵素反応の補助因子）として働くものが多い．脂溶性ビタミン（AやD）は脂溶性ホルモンと似た作用形式と働き（細胞の分化促進など）がある．

d. その他：上記のほかには，低分子のアミン類（ヒスタミンなど）やガス（一酸化窒素など）がある．神経伝達物質も伝達物質の一種である．

10・1・4　細胞同士の接触によっても情報が伝わる

細胞膜タンパク質の細胞内にある部分には細胞内シグナル伝達分子が結合していることが多く，そのタンパク質がほかの細胞などと接触することで，細胞内でのシグナル伝達物質の活性化が引き起こされる．細胞がほかの細胞に接触すると増殖を停止するが（**接触阻止**という．癌細胞になるとこの性質が失われる），これも「細胞に触れた」という情報が上の経路を伝わって細胞内に達したために起こる現象である．

10・2　細胞内情報伝達

10・2・1　情報を受け取った細胞の応答と情報の最終標的

情報物質を受け取った細胞は，後述の伝達因子がかかわる経路を使い，最終標的分子の活性を変化させる．細胞の応答は，増殖，分化，細胞死，運動などという形で現れるが，応答の種類は細胞が受けた情報／刺激の種類による．神経細胞では神経興奮がみられる．

細胞内情報伝達の最終標的因子は多様であるが，転写調節因子が圧倒的に多い（むろん転写調節因子の種類も多様であるが）．その他，細胞骨格タンパク質（アクチンなど細胞運動や細胞形態の維持にかかわるもの）やカスパーゼ（細胞死にかかわる）も最終標的分子になる．

10・2・2　細胞内情報伝達の全貌

細胞には細胞内情報伝達にかかわる経路が網の目のように張り巡らされているが，この複雑なシステムも，「刺激の受容と受容体の活性化」→「活性化シグナルの伝達（媒介）」（次頁）→「最終標的因子の活性化と作用発揮」→「細胞の変化」と簡略化して表現することができる（図 10・2）．

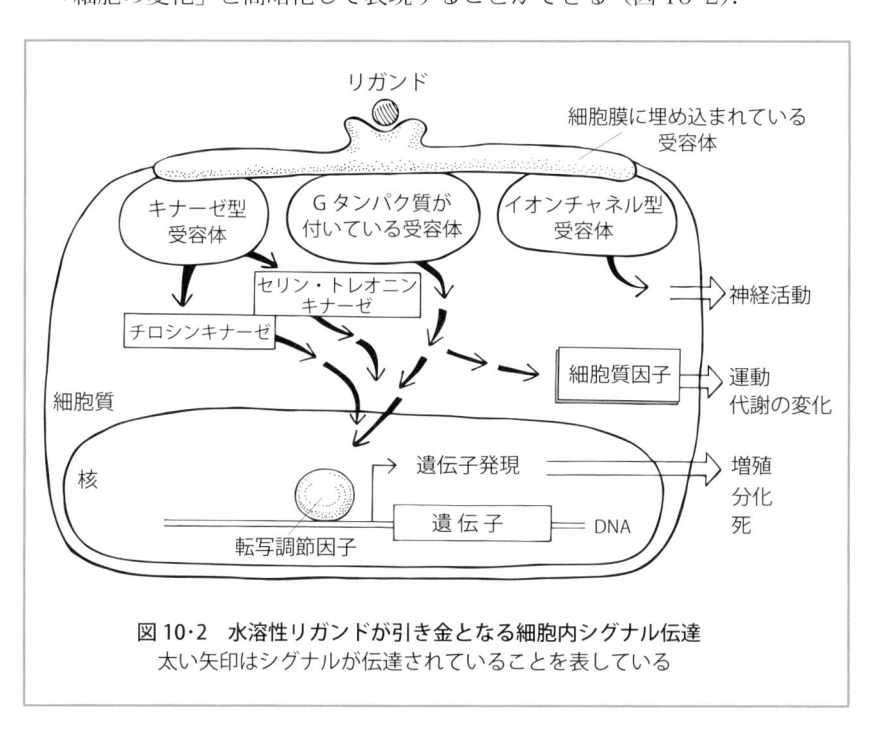

図 10・2　水溶性リガンドが引き金となる細胞内シグナル伝達
太い矢印はシグナルが伝達されていることを表している

10・2・3　情報を受けとった細胞の最初の変化：受容体の活性化

受容体の一部は細胞内にあるが，時にはその部分に別の因子が付随している場合がある．リガンドが細胞表面受容体に結合すると，受容体の細胞内部にある部分自身，もしくはそれに付随している因子が何らかの構造変化を起こして活性化する．活性化されるものとしては，プロテインキナーゼやGタンパク質（次頁参照）が多いが，その他にもアポトーシスを誘導するカスパーゼ（72頁参照）である場合（Fas受容体やTNF-α受容体など）などいくつかのものがある（後述）．活性化様式には，リン酸化，結合，切断／解

離などがある．

10・3　細胞内で情報を媒介する分子

10・3・1　プロテインキナーゼ（タンパク質リン酸化酵素）

　タンパク質中の特定のアミノ酸をリン酸化することは，タンパク質を活性化する典型的な細胞の戦略である（図 10・3）．リン酸化の標的がプロテインキナーゼの場合は，リン酸化の連鎖反応が起こる．プロテインキナーゼは，チロシンをリン酸化するもの（**チロシンキナーゼ**）とセリンやトレオニンをリン酸化するもの（**セリン・トレオニンキナーゼ**）に大別される．チロシンキナーゼは受容体型（受容体そのものが酵素活性をもつ）と非受容体型（受容体に附随して存在する）に分けられる．セリン・トレオニンキナーゼは細胞質や核にいろいろなものが存在し，主に上流からのシグナルの受け渡しや転写調節因子の活性化にかかわる．

10・3・2　G タンパク質

　G タンパク質は GTP（グアノシン三リン酸：RNA 合成の基質にもなるヌクレオチドの一種）が結合することにより活性化型になり，GTP からリン酸が一つ取れた GDP 結合型になると不活性型となる（図 10・4）．G タンパ

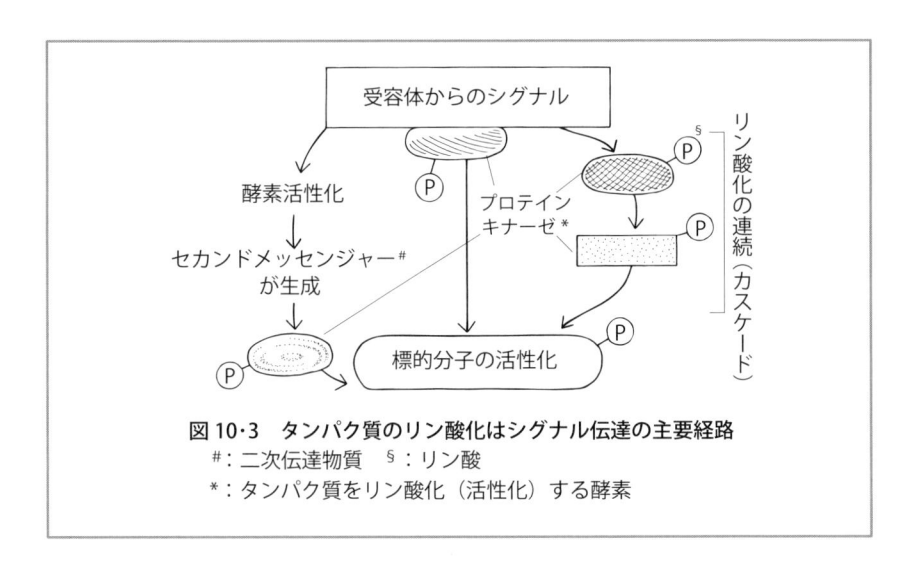

図 10・3　タンパク質のリン酸化はシグナル伝達の主要経路
　＃：二次伝達物質　§：リン酸
　＊：タンパク質をリン酸化（活性化）する酵素

ク質は，3成分からなる**三量体G タンパク質**と，単体で働く**低分子量Gタンパク質**とに分けられる．

前者は膜にある大きな受容体（ホルモン，神経伝達物質，感覚などの受容体）に附随して存在し，主にシグナルの発信源として機能する．後者（Rasなど多数ある）は細胞質や細胞膜の近くにあり，シグナル伝達の中継分子のような役割をもつ．特殊な例として，細胞内輸送や核膜輸送にかかわるものもある．

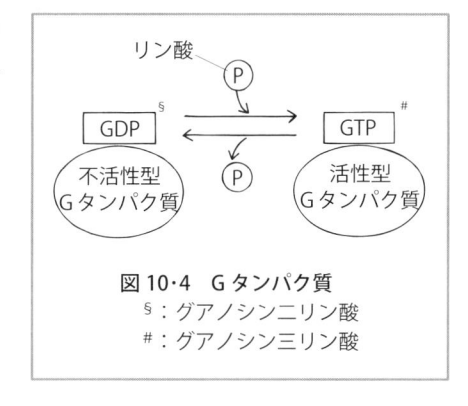

図10・4　Gタンパク質
§：グアノシン二リン酸
#：グアノシン三リン酸

10・3・3　リン脂質が関与する経路

シグナル伝達にかかわる脂質としては，脂質 - リン酸 - イノシトール [糖] という構造の**フォスファチジルイノシトール（PI）**が重要である．脂質は移動が早く，酵素で素早く活性化型になるため，シグナル伝達物質として優れている．PIの糖部分をリン酸化するリン脂質キナーゼがあり，リン酸化されたPIは，いろいろな物質に結合して作用を発揮する．PIがホスホリパーゼCで二分割されると，一つの部分であるジアシルグリセロールがセカンドメッセンジャー（下記参照）となってプロテインキナーゼCを活性化し，ほかの一つ（イノシトール三リン酸）はカルシウムイオン（イオン：電気を帯びた原子）の濃度を上げる．カルシウムイオンには，プロテインキナーゼ活性化を含むさまざまな作用がある．

10・3・4　セカンドメッセンジャー（二次伝達物質）

シグナル伝達の過程で，酵素によってつくられる低分子物質が次のシグナル伝達経路を活性化する場合，その低分子物質を**セカンドメッセンジャー**という．この中にはアデニルシクラーゼによってつくられる**cAMP**(環状AMP〔アデノシン一リン酸〕)や，ホスホリパーゼCによってつくられる**ジアシルグリセロール**がある．それぞれプロテインキナーゼAとプロテインキナーゼCを活性化する．

> **Column**
>
> プロテインキナーゼがリレーのように働く機構
>   細胞を増殖因子で処理すると，受容体型チロシンキナーゼが活性化されてRasが活性化するが，RasがRafを活性化し，このRafがMAPKKKというプロテインキナーゼを活性化する．するとMAPKKKが別のプロテインキナーゼ（MAPKK）をリン酸化し，次にMAPKKが別のプロテインキナーゼ（MAPK：MAPキナーゼ）を活性化し，このキナーゼが転写調節因子を活性化する．このシステムをMAPKカスケードという（カスケード＝リレー形式の作用システム）（図10・3）．

10・3・5　細胞表面付近にある転写調節因子が核に移動する例

　受容体に結合している転写調節因子が活性化される例や，受容体の一部が転写調節因子となる例が知られている．前者の例としては，インターフェロンで活性化されるSTATや，トランスフォーミング増殖因子-βで活性化されるSmadがある．後者の例には分化にかかわるNotch受容体がある．これとは別に，Wnt（発生や細胞増殖にかかわるリガンド）が受容体に結合すると，細胞膜直下にあるβ-カテニン（細胞膜裏打ちタンパク質の一種）が核に移動し，転写が活性化される．

> **Column**
>
> 脂溶性リガンドは特殊なシグナル伝達機構を使う
>   脂溶性（油に溶ける性質）のホルモン（性ホルモンなどのステロイドホルモンや甲状腺ホルモン）やビタミン（AやD），そしてレチノイン酸などの分化誘導因子には転写活性化能がある．リガンドは低分子かつ脂溶性のため，細胞膜を素通りして細胞内受容体に結合する．受容体は転写調節因子であるが，リガンドの結合により活性化する．リガンド-受容体複合体は核に移動し，DNA配列に結合して転写を活性化する．
>   人工的な化学物質でホルモン作用をもつ環境ホルモンも同じような作用形式を示し，動物の性的特徴を変化させるとして社会問題になっている．

> **Column**
>
> ### ストレス応答にもシグナル伝達がかかわる
> 細胞ストレスになるものには，異物，毒物，紫外線，熱，酸素濃度の低下，重金属類，高分子（DNA やタンパク質）攻撃物質などたくさんのものがある．これらが細胞に入ると，特異的シグナル伝達経路が働き，転写調節因子活性化，毒素の中和，代謝反応の変化，さらにはアポトーシスなどの細胞応答が起こる．

10・4　電気的興奮がかかわる情報伝達：神経興奮

10・4・1　イオンチャネル

神経興奮を生む細胞装置は，タンパク質からなるイオンチャネルである．チャネル（チャンネル）とは通路で，普段は閉じており，活性化すると開く．イオンチャネルは二つに大別できる．一つは電位（電圧）があると開くもので，**電位依存性チャネル**という．ナトリウムチャネルやカルシウムチャネルなどがあり，プラス電気をもつイオンを通す．あとの一つは**神経伝達物質受容体チャネル**といい，神経伝達物質が受容体に結合することにより開く．

10・4・2　神経細胞（ニューロン）の興奮と活動電位の伝達

ニューロンは電気信号を神経興奮に使い，それにより神経活動が支えられている．神経興奮により発生した電気的信号は，神経軸索（細胞体から伸びる信号を伝える繊維）を経由して末端まで伝わる．

細胞はマイナスの電気をもつが，プラスの電気をもつナトリウムイオンが入ると，一瞬プラスに転じる．このときプラス側に増えた分の電圧を**活動電位**という（＝およそ 0.1 ボルト）．ある部分で発生した活動電位が周囲の電位依存性ナトリウムチャネルを開け，新たに活動電位を発生させるが，この活動電位がまた隣に活動電位を発生させる．このプロセスが連続して起こることにより，神経興奮が電気信号として伝達される（図 10・5）．

図10・5 神経伝達の概要

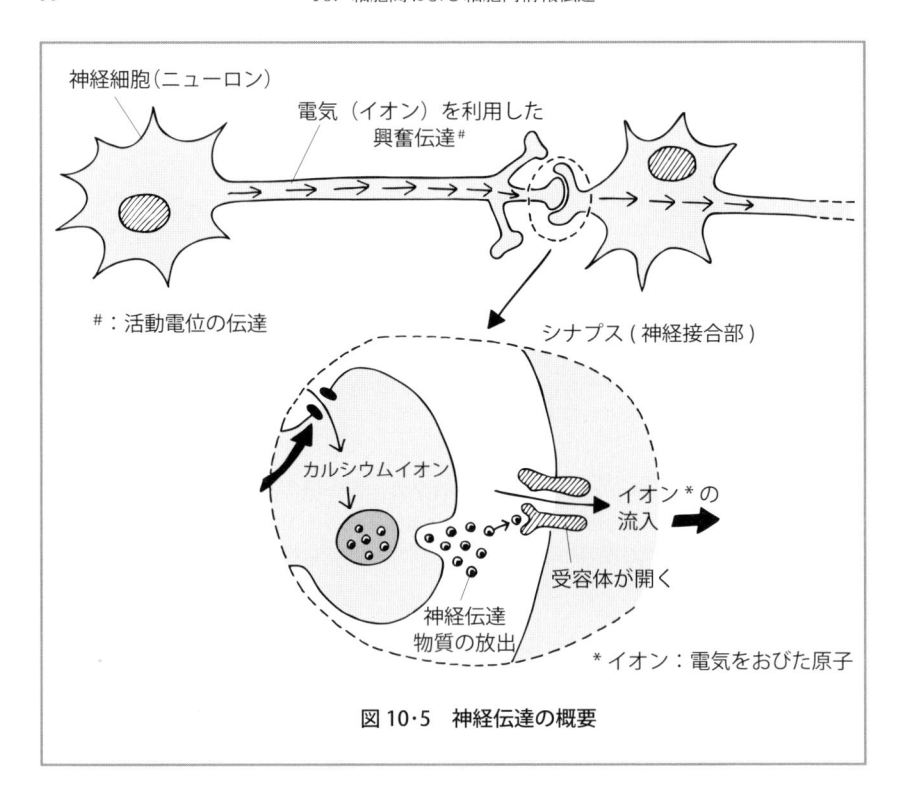

10・4・3 化学物質によるニューロンからニューロンへの伝達

　神経活動はニューロン同士が連絡をとり合うことにより成り立つ．ニューロン内での情報伝達は電気的な興奮伝達であるが，ニューロン同士の連絡は化学物質を使う**シナプス伝達**である（シナプス＝ニューロン接続部）（図10・5）．活動電位がシナプス後部に達すると，まず**神経伝達物質**が分泌される．伝達物質にはアミノ酸（グルタミン酸など），アミン（セロトニンなど），アセチルコリン，ペプチド（ニューロペプチドYなど）などがある．神経伝達物質がリガンドとなってシナプス後部にある特異的な神経伝達物質受容体チャネルに結合すると，イオンが流入して電位が発生し，これが次のニューロンの興奮伝達の引き金となる．

11 癌：突然変異で生じる異常増殖細胞

　癌細胞は増殖に関する遺伝子が変異して生じるが，その特徴は不死化とトランスフォーメーションで，この両者が揃うことで，癌が進展する．癌細胞では細胞周期制御遺伝子のほか，DNA修復遺伝子やアポトーシス関連遺伝子も変異していることがあり，変異が重なることにより癌の悪性度も増す．癌は放射線やDNA損傷を誘発する物質のほか，ウイルスによっても起こる．DNA癌ウイルスは宿主のDNA複製を活性化する．RNA癌ウイルスの遺伝子は，細胞増殖にかかわる細胞の遺伝子に類似している．

11・1　正常細胞が癌細胞に変わるとき

11・1・1　癌細胞は無限に増え続けることができる

　正常細胞はどんな良い条件で培養してもいずれは死んでしまうが，癌細胞は死ぬことはなく，増え続ける．癌細胞は染色体異常をもつことや，少ない栄養でも増えることなど，多くの特徴をもつが，この**不死化**こそが癌細胞の本質的特徴である（図11・1）．癌細胞は細胞増殖能が変異した細胞である．この性質にかかわる要因の一つは，細胞周期制御にかかわるアクセル因子の暴走，あるいはブレーキ因子の機能低下であり（⇒ 事実，細胞周期の研究は癌細胞の性質解明の研究でもある）（8章参照），あと一つの要因はテロメラーゼの存在である（93頁のコラム参照）．この二つが揃ったとき，細胞は安定な不死化状態に入る．

11・1・2　癌細胞では遺伝子が突然変異している

　癌細胞と正常細胞を融合させると，融合細胞は正常の性質を示す（＝正常細胞の因子が癌細胞にないものを相補する現象）．このように，癌細胞としての性質は劣性（20頁参照）になることが多く，癌細胞は正常な制御機構

を失っているとみることができる．これは，ほとんどの癌細胞は遺伝子（例：後述する癌抑制遺伝子など）が機能不全に陥るタイプの変異が多いという事実と合致する．

| A | 不死化している（無限増殖する[#]） |

◎ 常に細胞増殖・分裂している
◎ 少ない栄養でDNA合成期（S期）に入る
◎ テロメラーゼがある

| B | トランスフォームしている |

◎ 形態や運動性が変化している[§]
◎ 細胞が障害物にあたっても増える
　（盛り上がって増える）
◎ 浮いたままでも増える
◎ 社会性の喪失（バラバラで増えたり，
　異種細胞中でも増える）
◎ 移植により腫瘍に発展する

図11・1　癌細胞の特徴
　[#]：正常細胞は分裂回数が有限
　[§]：運動性が高い．浸潤性，転移性も高い

解説

癌と腫瘍

　癌は広い意味での腫瘍（「できもの」の意．断らない場合は悪性）の一種であるが，狭義には上皮組織（表面の組織）にできる腫瘍のことを指す．これに対し，骨，リンパ節，筋肉にできる腫瘍を肉腫，血液細胞の癌を白血病という．ただこれらは病理的な分類であり，本質的な違いはない．

> **Column**
>
> ### 癌細胞にテロメラーゼが出現する
> 複製のたびに失われる染色体末端「テロメア」は，テロメラーゼという酵素により複製・修復される（33頁参照）．正常細胞にはテロメラーゼはほとんどないため，細胞分裂のたびに染色体が短くなり，いずれ細胞は死ぬ．しかし癌細胞にはテロメラーゼがあるため，細胞の無限増殖が可能になる．テロメラーゼを抑える物質を抗癌薬にしようという試みがある．

11・1・3　癌細胞の増殖性の特徴：トランスフォーム

培養化癌細胞は以下に述べる特殊な性質があり，これらの性質から，癌細胞は「**トランスフォーム**（＝形質転換の意）している」と表現する（図11・1）．通常細胞は何かに張り付いて（足場にして）増殖するが，癌細胞は浮遊状態でも増殖する（足場非依存性）．正常細胞は周囲の細胞や基質に接すると増殖を停止する（接触阻止）．しかし，癌細胞ではこの性質が失われ，盛り上がり，また絡み合ったりしながらどんどん増殖する．同種細胞は接着性により組織内で整然とまとまり，異種組織に付着して増えることはない．しかし癌細胞は運動性や浸潤性（組織内に入り込むこと）が高く，ほかの組織の中でも増える（＝このことを「細胞の社会性喪失」という）．

トランスフォーム細胞の性質は成体内の癌細胞の性質と似ている点が多く，事実，トランスフォーム細胞を特殊なマウスに移植すると，癌組織に発展する（注：正常細胞は増殖せず，組織に吸収される）．

解　説

癌細胞の2大条件
　上述したように，癌細胞の特徴は，「不死化している」ことと，「トランスフォームしている」ことの2点である．両方がそろわないと癌にはならない．

11・1・4　癌化の原因にはいろいろなものがある

では癌は何が原因でできるのだろうか．上述したように，癌は増殖に関する遺伝子の突然変異細胞なので，その一義的原因因子は，突然変異誘起剤であることがわかる（図 11・4 参照）．4 章で述べた変異原が発癌物質にもなりうるというのはこのような理由による．放射線や紫外線，DNA 損傷剤（DNA 傷害剤）や毒物（タバコのタールに含まれる化学物質）などは典型的な発癌要因であり，このような物質が入っている食品，そして食品添加物，嗜好品（タバコ，アルコール）の中にも発癌性のものがある．上記の要因にかかわる職業（煙突掃除，アスベスト加工，有機溶媒作業，放射線従事者など）も注意を要する．

熱や機械的刺激も発癌と関連し，またウイルスによる発癌もある（次節）．細胞内で自然に発生する反応性に富む原子／分子（＝これらを**ラジカル**という．活性酸素など）が発癌にかかわることもある．特殊な例として，胃癌を起こす細菌〔ピロリ菌〕（注：菌のつくる毒素が癌の原因）やカビ（注：カビのつくる毒素が肝臓癌を起こす）がある．

解説　**発癌物質をイニシエーターとプロモーターに分類できる**

発癌にかかわる物質を発癌イニシエーターと発癌プロモーターに分類することができる．前者は癌になるきっかけになる物質で，DNA を直接攻撃する変異原である．後者は細胞内シグナル伝達（10 章参照）や遺伝子発現の活性化剤で，それ自身には発癌性はないが，癌の進行や癌細胞の増殖にかかわる．

11・2　癌はウイルスによっても起こる

11・2・1　癌ウイルスは意外に多い

ウイルスは感染した細胞を殺すが，中には細胞増殖遺伝子に働きかけ，癌化させるものがある（注：その意味で，ある種の癌は感染症といえる）（表 11・1）．ヒトに癌を起こす典型的 DNA ウイルスにはパピローマウイルス（子

表 11・1 ヒトに腫瘍を起こすウイルス

ウイルスの種類	腫瘍名
DNA ウイルス	
JC ウイルス	脳腫瘍（？）
EB ウイルス	バーキットリンパ腫
単純ヘルペスウイルス	子宮頸癌（？）
パピローマウイルス	子宮頸癌，乳頭腫（良性）
伝染性軟ゆう腫ウイルス	軟ゆう腫（やわらかいイボ：良性）
B 型肝炎ウイルス	肝臓癌
RNA ウイルス	
成人 T 細胞白血病ウイルス（HTLV-1）	白血病
C 型肝炎ウイルス	肝臓癌

宮癌）や EB ウイルス（リンパ腫）などがあり，動物に癌を起こすものも多い．発癌性 RNA ウイルスの代表はレトロウイルス科に属する RNA 腫瘍ウイルス（白血病ウイルスと肉腫ウイルス）で，さまざまな動物に特有のウイルスが存在する．ヒトに癌を起こすものに，成人 T 細胞白血病ウイルス（HTLV-1）がある（日本で発見された）．

> **Column**
>
> 　肝炎ウイルスは癌ウイルス
> 　何種類かの肝炎ウイルスのうち，B 型肝炎ウイルス（DNA ウイルス）とC 型肝炎ウイルス（RNA ウイルス）は，血液から感染して肝臓で増殖し，肝炎を起こすことがわかっているが，肝炎が慢性化しながら進行すると，肝硬変から肝癌に移行しやすい．アルコールはウイルスを活性化する．

11・2・2　DNA 癌ウイルスのもつ発癌遺伝子の作用

　DNA 癌ウイルスはウイルス特有の癌遺伝子をもつ（例：SV40 ウイルスのT 抗原，アデノウイルスの E1A/E1B）．これらの遺伝子産物には，いずれも宿主の DNA 複製や転写を活性化させる働きがあり，細胞の癌抑制遺伝子産物である p53 や RB（68 頁参照）はこれらウイルス癌タンパク質と結合し，

それらの働きを抑える．

11・2・3　RNA癌ウイルスの癌遺伝子は，元は細胞の遺伝子だった

　レトロウイルス（下記のコラム参照）に属するRNA癌ウイルスのもつ癌遺伝子はDNA型のものとは異なり，細胞の増殖関連遺伝子がより強力に変異したものである（図11・2）．

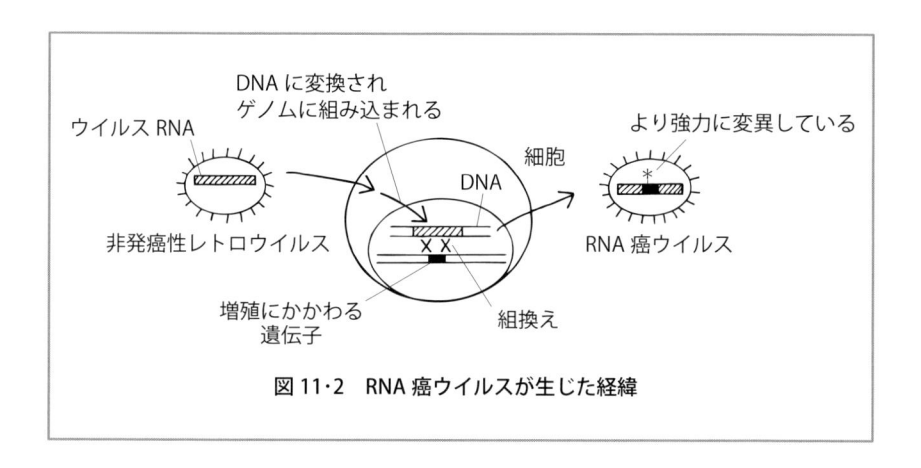

図11・2　RNA癌ウイルスが生じた経緯

Column

逆転写で増えるレトロウイルス

　レトロウイルスはRNAウイルスだが，感染後，自身のもつ逆転写酵素を使ってRNAからDNAをつくる（逆転写）（レトロ＝逆の意味）．このDNAは宿主ゲノムに組み込まれ，その後 宿主遺伝子と同じ様式によって遺伝子が発現し，ウイルスRNAやウイルスタンパク質がつくられ，細胞から芽を出すようにウイルスが増える．一般に細胞がすぐ死ぬことはない．種々の動物に多様なレトロウイルスが存在する．進化の過程でトランスポゾン（レトロトランスポゾン）のようにゲノムに広がったと考えられる．原型のレトロウイルスは，本来は穏やかな性質で，発癌性もほとんどない．

ウイルス性の発癌遺伝子を**癌遺伝子**（オンコジーン）というのに対し，相当する細胞由来遺伝子を**原癌遺伝子**（プロトオンコジーン）という（癌原遺伝子ともいう）．癌遺伝子は原癌遺伝子が突然変異したものである．原癌遺伝子は細胞内ではある条件下でのみ活性化するが，ウイルスがもつ癌遺伝子は常に活性化状態になっている．原癌遺伝子の種類は「増殖因子」「増殖因子の受容体」「細胞内シグナル伝達因子」「転写調節因子」とさまざまであるが，後者2種類が圧倒的に多い．

RNA癌ウイルスは，増殖にかかわる遺伝子の作用が強くなる方向に変異した細胞の遺伝子を取り込んだレトロウイルスということができる．

11・3　細胞には癌抑制にかかわる遺伝子もある

11・3・1　癌発生を抑える癌抑制遺伝子

原癌遺伝子の発見後，その機能を抑える遺伝子の探索が行われ，結果多くの遺伝子が発見された．それらの遺伝子は癌を抑えるので，**癌抑制遺伝子**といわれる．癌抑制遺伝子にはp53やRB（68頁参照）のように転写調節にかかわるもののほか，シグナル伝達に関連するものなどさまざまある．これらの因子はシグナル伝達系の過剰な活性化や転写調節因子の暴走を抑制する（図11・3）．このため，これら遺伝子が突然変異して機能を失うと，癌になり易くなる．事実 多くの癌で，癌抑制遺伝子の突然変異がみられる（注：

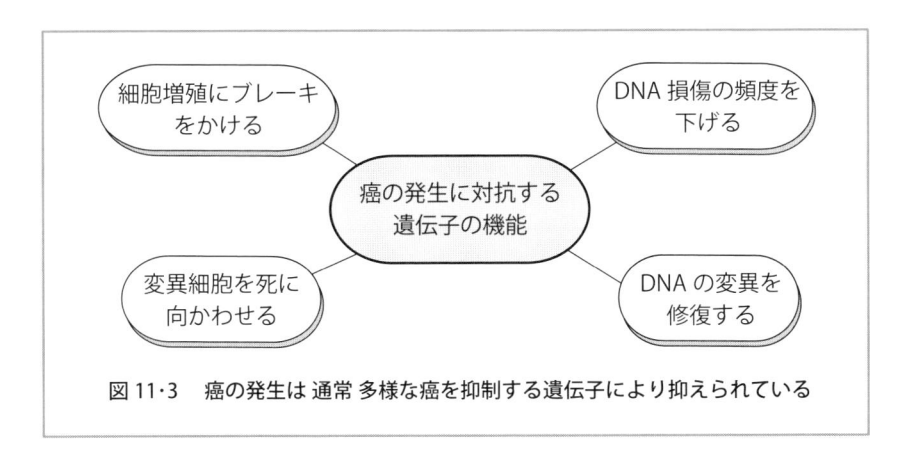

図11・3　癌の発生は通常 多様な癌を抑制する遺伝子により抑えられている

むしろ，その遺伝子が癌で変異していることから，癌抑制遺伝子であるとわかることが多い）．

11・3・2　ゲノム安定化やアポトーシスに関する遺伝子も癌を抑制する

　癌の直接の原因は増殖関連遺伝子の突然変異であるが，別のカテゴリーの遺伝子で癌抑制にかかわるものがある（図 11・3）．その一つは突然変異誘発を抑える遺伝子である．これらの遺伝子はゲノム安定性にかかわるが，DNA 修復遺伝子がその代表である．色素性乾皮症（太陽光が当たると皮膚が乾燥して黒ずむ遺伝病．皮膚癌になり易い）の原因は DNA 修復酵素の遺伝子に欠損が生じたものである．また，癌細胞（あるいは癌になる方向にある細胞）は死滅すれば，結果的に癌という病気にはならない．この意味で，アポトーシスにかかわる遺伝子も見かけ上，癌抑制活性を示す．

11・4　癌という病気の特徴

11・4・1　癌は段階的に悪化し，目に見える病変に発展する

　癌細胞が身体のどこかで生じ，それが癌組織に発展し，個体に悪影響を及ぼす癌という病気の原因になるためには，いくつかの段階がある（図 11・4）．よく言われるように，癌には悪性度の高いものと低いものがあるし，癌になる前の前癌状態というものもある．このような状況は，その癌に癌細胞としての性質（注：トランスフォームの基準にもいろいろあるという事実に注意）に，遺伝子の変異がどれだけ多くかかわるかで説明可能である．事

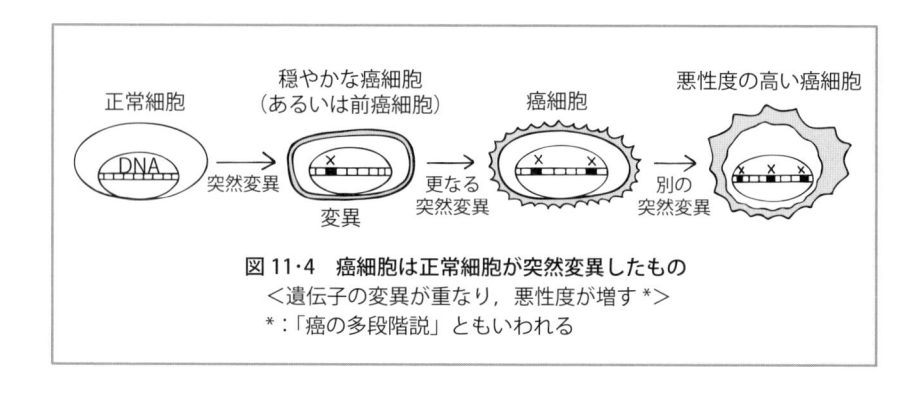

図 11・4　癌細胞は正常細胞が突然変異したもの
＜遺伝子の変異が重なり，悪性度が増す＊＞
＊：「癌の多段階説」ともいわれる

実，大腸癌では複数の遺伝子の変異で，増殖性や浸潤性，転移性の高い癌に発展することが示されている．このように，癌細胞は何段階かの過程を踏んで，悪性の癌に発展する．

11・4・2　癌細胞の戦略：血管新生，浸潤，転移

癌が進展するにはいくつかの条件が整う必要がある．癌組織に栄養を送る血管が必要だが，癌細胞自身に血管を引き寄せ，新しい血管をつくるという活性（この性質を癌の**血管新生能**という）がある．さらに癌細胞は，接している細胞を溶かす（分解する）酵素を分泌するため，組織を破って増殖すること（**浸潤**）ができる．癌が恐ろしいといわれる最大の理由の一つは**転移**である．通常の細胞は細胞同士の接着が強固なのでばらばらになることはないが，癌細胞はこの性質が弱く，高い浸潤性と相まって外部に進出し，無関係な組織中でも増えてしまう．

11・4・3　癌細胞を殺す免疫力

免疫は細菌やウイルスの感染に対抗するものだけではない（12 章 1 節参照）．免疫力は癌も抑える．リンパ球の 1 種，キラー T 細胞は癌細胞だけにあるタンパク質を見つけて癌細胞を排除する．このほか，NK(ナチュラルキラー) 細胞が関与する機構もある．癌に対する抵抗力を高める目的として，普遍的に免疫力を高める方法も使われる．

> **演習**　突然変異を誘発するものの中には癌の原因となるものがあるが，これはどういう理由によるか．癌は一般に感染症（＝伝染病）ではない．しかし感染性と考えられている癌がいくつかある．その感染原とは何か．

12 健康維持と病気発症のメカニズム

　生体にはストレス応答など複数の防御機構があるが，その中心は非自己を排除する免疫というシステムである．免疫にはリンパ球をはじめとする多くの細胞，そして抗体が関与し，異物を特異的に排除・無毒化する．神経細胞へのタンパク質の変性・沈着により，種々の神経変性疾患が起こり，また生活習慣病の原因の一つとして，脂肪の蓄積を起因とするメタボリックシンドロームが指摘されている．老化は内因性・外因性の両方の原因が合わさって進む．

12・1　体を守るシステム：免疫

12・1・1　生体防御にはいろいろな方法がある

　生物は多様な手段で異物の侵入や病原体から身を守る（図 12・1）．物理的刺激や化学物質がストレスとして侵入すると，遺伝子発現を介したストレス応答が起こり，ストレス要因を処理する．DNA が損傷した場合は，細胞増殖を止め（＝チェックポイント機構），DNA を修復する（35 頁参照）．変性タンパク質は再生，あるいは分解処理される．ウイルス感染などで外来の核酸が侵入すると，RNAi（RNA 干渉．44 頁参照）機構により RNA が分解される．高等動物では，ウイルス増殖阻害因子インターフェロンが分泌される．

　上記の方式は一般的で特異性が比較的弱い．これとは別に，動物には「自分と違うもの」に対抗する**免疫**という機構がある．免疫は，違いを識別する特異性の判断基準がきわめて高いのが特徴である．

12・1・2　免疫の発見

　a. 免疫とは：はしかなどの感染症を一度経験すると二度と罹らず，罹っても軽い．これが免疫である．免疫は異物（病原体，外来細胞，異分子）を無

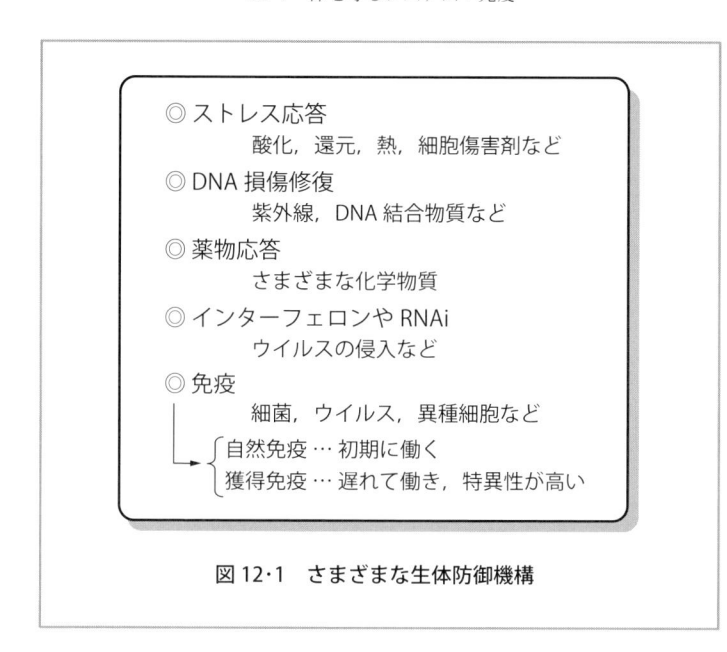

```
◎ ストレス応答
    酸化，還元，熱，細胞傷害剤など
◎ DNA 損傷修復
    紫外線，DNA 結合物質など
◎ 薬物応答
    さまざまな化学物質
◎ インターフェロンや RNAi
    ウイルスの侵入など
◎ 免疫
    細菌，ウイルス，異種細胞など
  ┌ 自然免疫 … 初期に働く
  └ 獲得免疫 … 遅れて働き，特異性が高い
```

図 12・1　さまざまな生体防御機構

毒化し排除するシステムで，排除の基準は非自己（＝自分以外の細胞やタンパク質など）である．免疫応答を誘導するものを**抗原**という．

b. 免疫の種類：生物は病原性因子を排除する機能を普遍的にもっており，これを**自然免疫**という（図 12・1）．特異性は比較的低いが，反応は一過的で早い．いくつかの過程を経て，マクロファージ（白血球の一種で，異物を飲み込み〔貪食し〕，処理する）などの血液細胞がその処理にあたる．より高度に発達した免疫は**獲得免疫**といい，自然免疫の次に働く．獲得免疫では抗原 1 個ごとに対応する（＝特異性が高い）．応答に時間がかかるが，反応は強く長く続き，**記憶**という現象がある（例：同じ抗原でも，1 回目よりも 2 回目の免疫応答が強く現れる）．

12・1・3　獲得免疫では特定のリンパ球が増える

異物は白血球により分解処理され，その分解産物（注：種類は多い）が細胞表面に出て，これが真の抗原となる（図 12・2）．血中には，いろいろな抗原に結合できるリンパ球がそろっている（＝「多くのクローンがある」と表現する）．いずれのクローンも数は少ないが，抗原と結合すると，そのリ

ンパ球（＝そのクローン）は分裂・増殖する．抗原を認識する細胞はB細胞とT細胞というリンパ球である．B細胞は抗原に特異的に結合する**抗体**というタンパク質を分泌する（図12・2）．

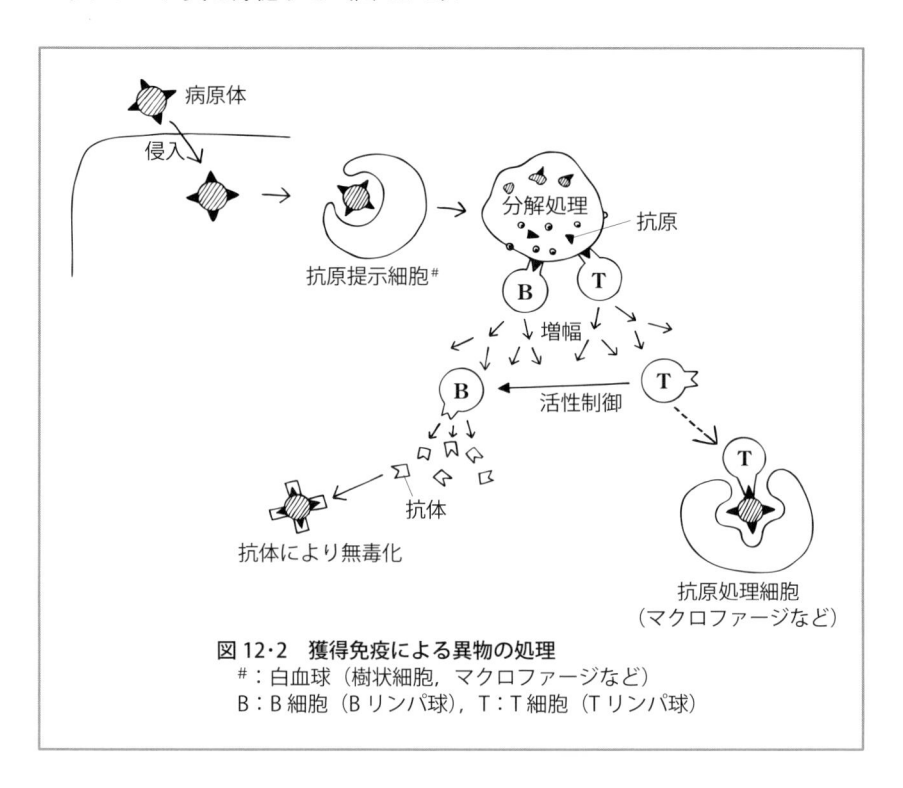

図12・2　獲得免疫による異物の処理
　＃：白血球（樹状細胞，マクロファージなど）
　B：B細胞（Bリンパ球），T：T細胞（Tリンパ球）

解説

ワクチン
　免疫を得るため，人為的に接種する抗原をワクチンという．抗原となるものは，病原体や毒素，あるいは病原体の成分や分子の一部である．生きた病原体（ただし毒性をなくしたもの）を使ったものは生ワクチンといい，免疫が強く，持続する．ワクチン処理した動物の血清「抗血清」を接種しても，受け身的だが免疫が得られる（例：ヘビ毒に対する治療で使用．効果は一時的）．

| 解 説 | **血漿と血清**
どちらも血液から血球（白血球，赤血球，リンパ球，血小板）を除いた上澄み．単に血液を放置・凝固させてできるのが**血清**で，抗血液凝固剤を加えてつくった上澄みが**血漿**（しょう）（血液凝固にかかわるタンパク質を含む）である．

12・1・4　過剰な免疫反応は病気につながる

a. アレルギー：免疫が強すぎると，不都合が生ずる．免疫による過敏症をアレルギーといい，喘息（ぜんそく）や薬物アレルギー，鼻炎などがよく知られ，ゆるやかに起こるもの（アトピー）と急激に起こるもの（アナフィラキシー）がある．多くは抗体がかかわるが，リンパ球がかかわるものもある．

b. 自己免疫病：通常，自身の成分に対しては免疫ができない．これは胎児期にそのようなリンパ球クローンは消去され，また免疫を抑制する機構が常に働いているためである．しかしこの抑制が弱くなると，自分自身の細胞やタンパク質に対する免疫ができてしまい，そのために組織の破壊，抗原・抗体結合物の組織沈着，炎症などが起こる（例：リウマチ）．

Column

免疫不全という病気とエイズ

　免疫ではリンパ球が重要な働きをするので，リンパ球が慢性的に大量に死滅すると免疫不全になる．HIV-1（ヒト免疫不全症ウイルス1型）はレトロウイルスの仲間だが，リンパ球に感染し，ウイルスを放出しながらしばらくは潜伏する．しかし，ウイルスに対する免疫が落ちるとウイルス量が増え，結果，リンパ球が減り免疫力の低下が加速度的に進む．このような原因でエイズ（後天性免疫不全症候群）が発症し，全身にさまざまな症状が出る．

12・1・5　体液性免疫と細胞性免疫

抗体による免疫を**体液性免疫**という．抗体は成熟した B 細胞から血中に分泌される．1 種類の B 細胞からは 1 種類の抗体が分泌される．**細胞性免疫**には T 細胞がかかわる（例：移植組織の拒絶反応や，ウイルス感染細胞を細胞ごと攻撃する反応）．異物を処理した細胞で分解物がつくられ，それと **MHC** というタンパク質（どの細胞にもある**主要組織適合抗原**というもの）が結合し，これが細胞表面に出て抗原となる．抗原を見つけた T 細胞が活性化し，細胞を破壊したり，貪食細胞を活性化する．臓器移植では，移植細胞が破壊される拒絶反応が起こらないように免疫を抑制する薬を使う．T 細胞は B 細胞の活性化も行い，抗体産生を促す．

解説　**単クローン抗体**

ある抗体をつくるリンパ球と不死化したリンパ球を融合させると，その抗体をつくる不死化細胞が得られる．こうして作製した抗体「単クローン抗体」は，単一のリンパ球（つまり細胞クローン）に由来するため，純粋である．

12・1・6　免疫の膨大な多様性はなぜ可能なのか

免疫の最大の不思議は，なぜ膨大な数の抗原に特異的に反応することができるのかということであるが，この多様性は遺伝子の組換えにより生み出される．抗体分子中の抗原結合部位は 3 か所からなる．元々この 3 か所は DNA 上では離れているが，リンパ球が成熟するときには組換えにより連結する．この連結が微妙にずれることで，数十万種類もの分子ができうる．抗体は 2 種類のタンパク質からなっているので，その組み合わせはさらに増え，また転写後には mRNA 加工も起こるので，多様性はさらに上昇する（注：一つの B 細胞は一つの抗原に反応する抗体しかつくらない）．T 細胞表面にあって抗原と結合する T 細胞受容体の多様性も，同様の機構で生まれる．

12・2 中枢神経細胞の死

12・2・1 脳の神経細胞が徐々に変性・死滅していく病気

脳神経系の細胞の変性（細胞が壊れ，機能をなくすこと）が広範囲に及ぶと，後戻りできないほどに脳が萎縮して死に至る．脳神経の変性はウイルス感染でも起こるが，遺伝子が原因（内因性）でも起こる．内因性で起こる神経変性疾患にはいくつかのものがあるが，いずれも加齢とともに進行する．細胞に不溶性（水に溶けにくい）で分解されにくいタンパク質がたまり，沈着することで細胞が変性する（図12・3）．多くの遺伝病は劣性（20頁参照）の遺伝様式をとるが，変性疾患の原因遺伝子はそれ自身が積極的に病気の引き金となるため，優性の遺伝様式をとる．狂牛病のようなプリオン病も（53頁のコラム参照），プリオンタンパク質が不溶化／沈着して起こる神経変性疾患である．

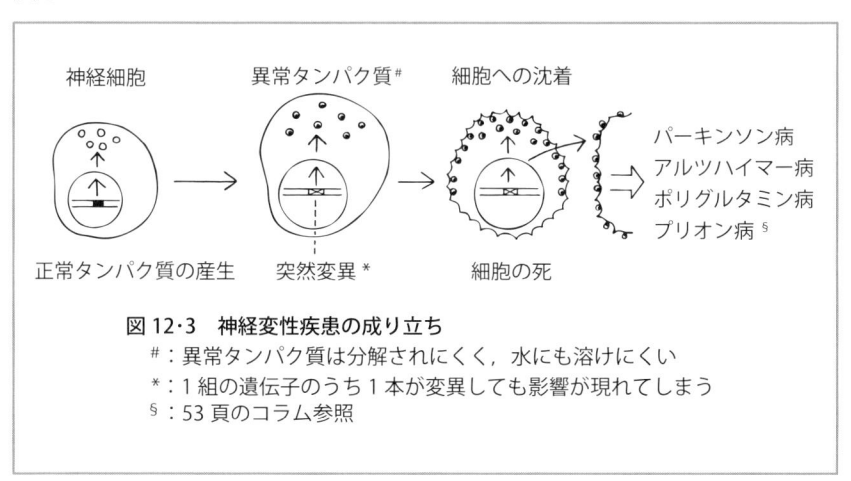

図12・3　神経変性疾患の成り立ち
\#：異常タンパク質は分解されにくく，水にも溶けにくい
＊：1組の遺伝子のうち1本が変異しても影響が現れてしまう
§：53頁のコラム参照

12・2・2 グルタミンの連続をもつタンパク質は神経を変性させる

タンパク質の配列の内部にグルタミンの連続ができるタイプの突然変異があるが，DNAレベルではCAG（グルタミンのコドン〔48頁参照〕）が連続して現れる．グルタミンが連続することでタンパク質が水に溶けにくくなる．代表的な病気に，脊髄小脳失調症，筋緊張性ジストロフィー，ハンチントン

病がある．

12・2・3 アルツハイマー病，パーキンソン病

アルツハイマー病は脳が次第に萎縮し，認知症，実行機能障害，意識障害と進行する．アミロイドというタンパク質が限定分解を受け，そこから切り出された不溶性のβ-アミロイドが脳細胞に蓄積する．パーキンソン病は，震えや歩行障害などを特徴とする病気だが，パーキンというタンパク質やその他のタンパク質が変異したり，凝集することで発症する．

12・3 老化と寿命

12・3・1 加齢，老化，寿命とは

年齢を重ねる（加齢する）と老化し，やがて病気にならなくとも寿命を迎えて死ぬ．老化が進むと個々の細胞の活力が低下し，生体機能が衰え，生体防御機構が低下し，恒常性の維持（体の状態を一定に保とうとする性質）が

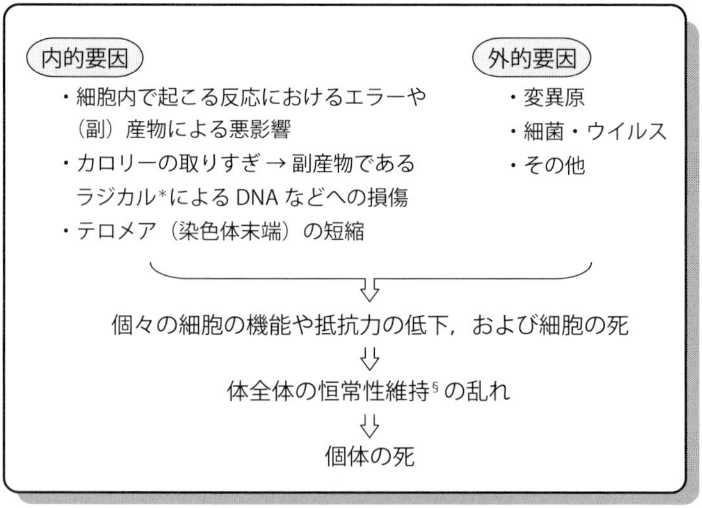

```
┌─────────────────────────────────────────────┐
│  ╭─内的要因─╮                    ╭─外的要因─╮  │
│  ・細胞内で起こる反応におけるエラーや    ・変異原      │
│    （副）産物による悪影響              ・細菌・ウイルス │
│  ・カロリーの取りすぎ→副産物である      ・その他     │
│    ラジカル*によるDNAなどへの損傷                  │
│  ・テロメア（染色体末端）の短縮                     │
│                      ⇩                       │
│       個々の細胞の機能や抵抗力の低下，および細胞の死    │
│                      ⇩                       │
│            体全体の恒常性維持§の乱れ               │
│                      ⇩                       │
│                  個体の死                      │
└─────────────────────────────────────────────┘
```

図 12・4　寿命に影響を与える要因
　　＊：過酸化水素のような活性酸素
　　§：体の状態を一定に保とうとする性質

困難になり,結果的に器官が変調をきたして寿命を迎える(図12・4).寿命は外因的要因でも左右されるが,寿命を決める遺伝子も実際に発見されている(下等動物での機能は明確).

12・3・2 細胞が増殖できなくなる原因

細胞に寿命があるのは大きく二つの理由があるとされる(図12・4).一つは細胞自身に分裂限界があるという考え方で,テロメアの短縮(33頁,93頁のコラム参照)がそのメカニズムとされる.もう一つはいわゆる「エラー蓄積説」で,ゲノム不安定性やDNA損傷,さらにはタンパク質変性などが少しずつ蓄積し,増殖できる限界を超えてしまうというものである.DNA修復遺伝子の欠陥は,老化を早め,早老症という病気の原因になる.この原因には外因性のもののほか,活性酸素のような(=反応性に富み,細胞を攻撃する)細胞がつくる内因性の分子/原子もある.

Column

カロリーを取り過ぎると寿命が縮む?

一般に,生物には「カロリーを摂り過ぎると,寿命が縮む」という性質がある.この理由として,エネルギーを得る代謝反応が活性酸素などの細胞傷害因子を発生させるという説明がされている.活性酸素(過酸化水素など)はミトコンドリアでつくられるが,ミトコンドリアのない細胞は寿命が長い.

12・4 生活習慣病

12・4・1 生活習慣病とは

一般に,老化にともなって肥満,高脂血症(中性脂肪やコレステロールの濃度が高い状態),糖尿病,動脈硬化,高血圧などの頻度が上がる.これらの疾患/症状の発症には生活習慣による要素が大きく影響し,生活習慣病といわれる.広い意味では癌,心臓病,骨粗鬆症,白内障なども生活習慣に起因する.

12・4・2　肥満とメタボリックシンドローム

　肥満とは，カロリー摂取過多が原因で，脂質合成のための代謝（メタボリズム．細胞内の物質の分解や合成などの反応）が亢進した結果，脂肪が皮下などに過剰に蓄積した状態をいう．肥満を誘導する因子としてはインスリン（下記）やその分泌を高める因子，中性脂肪合成酵素などがある．脂肪細胞は単に脂肪を多量に含むだけではなく，さまざまな生理活性物質を分泌し，その中にはインスリンの効き目をよくしたり，食欲を抑制したり（例：レプチン），動脈硬化を抑えたり（例：アディポネクチン）するなどの有益なものもある．しかし一方では，健康にとって不利益になる多くの因子も放出され，インスリンの効き目の低下，血管障害の誘導，さらには糖尿病，高血圧，動脈硬化などの引き金になる．脂肪細胞が肥大化すると有益な因子の分泌が減少し，さらに，内臓脂肪は悪影響を及ぼす因子を分泌することが多いとされている．

12・4・3　糖尿病

　インスリンは食事の刺激によって膵臓から分泌されるホルモンで，ブドウ糖を細胞に取り込ませる．インスリン濃度が低下したり，インスリンの効き方が低下すると（インスリン抵抗性），2型糖尿病となる．インスリンはチロシンキナーゼ型受容体（86 頁参照）に結合し，シグナル伝達系を介してブドウ糖の取り込みやグリコーゲン（ブドウ糖が重合してできる）合成を促し，遺伝子発現を活性化し，細胞増殖や分化を誘導する．血糖値の高い状態が続くと血管が傷つきやすくなり，毛細血管傷害が元になって腎臓や目の病気を起こしたり，循環器障害や種々の生活習慣病が起きる．

> **演習**　脳細胞が死ぬことにより起こる神経変性疾患にはどんなものがあるか．一般に遺伝性の病気はメンデル遺伝学的に劣性遺伝（3 章）の様式をとるが，この病気に限っては優性の性質を示す．なぜか．

13 細菌とウイルス

　微生物とは，細菌などのように，目で見えないほどの小さな生物の総称である．細菌の中にはプラスミドという小さな DNA が存在するが，細菌にとっては薬剤抵抗性が得られるなどのメリットがあるため，細菌と共存している．トランスポゾンは DNA 中を勝手に動き回る DNA である．ウイルスはわずかな遺伝子しかもたず，生きた細胞中でのみ増え，細胞を殺しながら急激に増えるが，中には細胞を癌化させるものもある．細菌ウイルスをバクテリオファージという．

13・1　微 生 物

13・1・1　微生物の種類
　微生物とは肉眼では形態が見えないほど小さな生物の総称であり，少なくとも単細胞生物は微生物である．原核生物や古細菌はもちろん，真核生物の中でも菌類（酵母，キノコ，カビの仲間）や単細胞性の藻類，そして原生生物（ゾウリムシやアメーバ）などが微生物に含まれる．微生物は体内／体表，空中，水中など，あらゆるところに存在する．ウイルスは「粒子」で，本来は生物ではないが，便宜上微生物に加えて記述する場合がある．

13・1・2　微生物と人間との共生
　ヒトの腸内に常在する細菌（例：乳酸菌）は，アミノ酸をつくったりほかの細菌の増殖を抑えるなどして，健康維持に役立っている．自然界の微生物は生物の死骸を分解して，植物などの栄養となる物質をつくり，生物栄養資源のリサイクルに寄与している．人間が積極的に利用する微生物の例として，乳酸菌（発酵によるチーズ，ヨーグルト）や麹カビ（デンプンからのブドウ糖の生産），酵母（パンやアルコール飲料）や納豆菌などがある．空気中の細菌やカビ（あるいはその胞子）を吸い込んだり体表に付いたりしても，健

康なときはそれらで病気になることはないが，体力がないと病気になる場合がある．

解説　**腐敗と発酵**
微生物により食品などの成分が分解され，それによりヒトに有害なものができることを腐敗といい，有益なものができる場合を発酵という．微生物にとってはいずれもエネルギーを得る手段である．

Column

リケッチアという特殊な細菌

発疹チフスやツツガムシ病はリケッチアという病原体の感染により発症する．リケッチアは細胞を有し，DNAとRNA両方の核酸をもち，二分裂で増える．ダニの腸に寄生し，その細胞内でしか増えない（注：ただしエネルギーを全面的に細胞に頼っている）．生きた細胞を要求するのでウイルス的な面もあるが，実体は退化した細菌である．

13・2　細菌の増殖

13・2・1　細菌の種類

細菌はいろいろな形態をもち（図 13・1），その分裂は有糸分裂（染色体が微小管繊維で引かれて娘細胞に分かれる）ではなく無糸分裂で，15分〜数時間で倍になる．酸素（実際は空気）を好む細菌を好気性細菌（結核菌など），あまり好まない細菌を嫌気性細菌（大腸菌や乳酸菌）といい，後者はわずかな酸素でも生育することができる．中には酸素があると増殖できないもの（破傷風菌や食中毒の原因となるボツリヌス菌）もある．一般には体温に近い37℃でよく増えるが，中にはより高温／低温を好むものもある．至適pHは中性が多いが，酸性で増える菌（例：ピロリ菌．胃で増殖し，胃癌を起こす）やアルカリ性で増える菌もある（例：コレラ菌）．

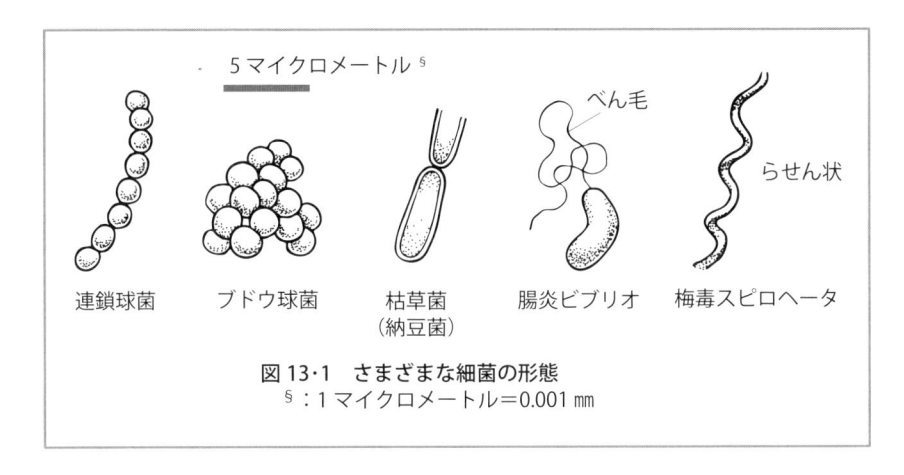

図13・1　さまざまな細菌の形態
§：1マイクロメートル＝0.001 mm

13・2・2　細菌を培養する

a. 培　地：細菌を増やすために水に栄養分を溶かし，pHを中性にしたものを**培地**という．純粋な化学物質のみでつくる合成培地や肉エキスのような天然培地もあるが，通常は両者を組み合わせた半合成培地が使われる．試験管やフラスコなどに培地を入れ，空気がわずかに出入りするように綿などで栓をし，オートクレーブ（次頁参照）で雑菌を殺してから使用する．

b. コロニー：液体培地に溶けた寒天を加え，シャーレ（皿状容器）などに注いで固めたものを固形培地という．培地上の1個の菌がどんどん増え，目で見える塊になったものを**コロニー**という（図13・2）．細菌を純粋に培養するための必須手技である．

13・2・3　細菌を殺す

a. 殺菌と消毒：現に増えている状態の微生物（注：このような状態を栄養型という）を殺すことを**殺菌**といい，簡単には60℃以上にすればよい．酢（pHを下げて酸性にする）でもある程度殺菌できる．病原性菌を殺したり，病原性をなくすことは**消毒**という．消毒薬であるアルコール類，せっけん類，塩素やヨード剤などは，細菌のタンパク質を変性するように働く．太陽光や紫外線は，DNAに損傷を与えることで殺菌効果を発揮する．

b. 滅　菌：胞子も含め，すべての微生物やウイルスを死滅させることを

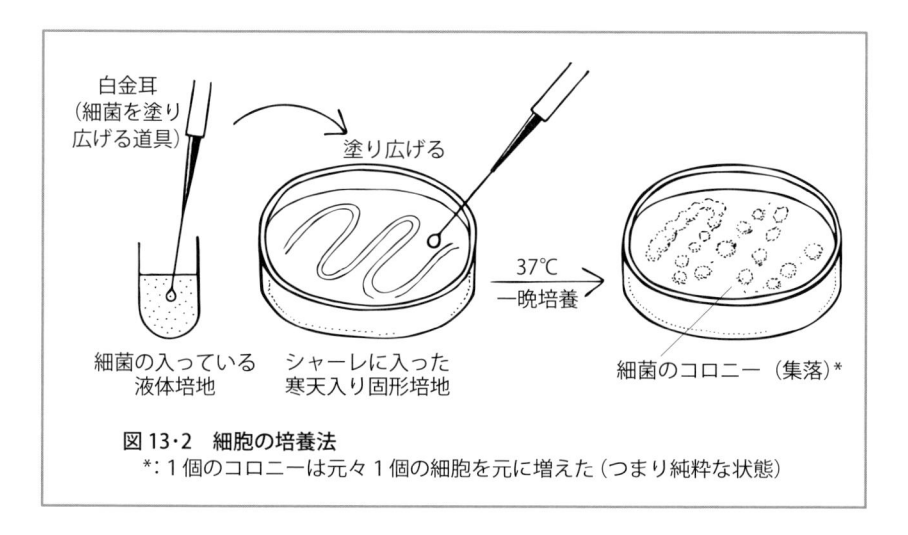

図 13・2　細胞の培養法
　*: 1個のコロニーは元々1個の細胞を元に増えた（つまり純粋な状態）

滅菌といい，簡単には燃やしたり 200 ℃近い温度をかける．液体はオートクレーブ（高圧蒸気滅菌：2気圧 121 ℃の蒸気で加熱）する．放射線（ガンマ線）を使う方法もある（DNA／RNA が破壊される）．

13・2・4　細菌がかかわる病気

a. 感染症：ヒトに感染して病気「感染症」を起こすいろいろな微生物が知られている．細菌によって起こる病気は結核，コレラなどの典型的なものから，肺炎，胃腸炎，化膿などの一般的なものまでさまざまである．ブドウ球菌や空中浮遊細菌やカビ（の胞子），そして体表や腸内の常在菌は通常病気は起こさないが，抵抗力が落ちると病気を起こす（⇒ このタイプの感染を日和見感染という）．

b. 食中毒：食中毒のいくつかは細菌により起こる．このうちサルモネラ菌（肉類が多い）や腸炎ビブリオ菌（海産物が多い）によるものは大量の菌体を摂取することにより起こるが，ブドウ球菌や病原性大腸菌 O157（いずれも一般的食品）やボツリヌス菌（密封肉製品など）による中毒は，細菌がいなくとも，それがつくる毒素を摂取することにより起こる．細菌は加熱で死滅するが，毒素には熱に強いものが多く，熱では無毒化されない．

> **Column**
>
> あなどれない結核
> 　結核は結核菌が空気を介して感染し，主に肺で増える病気で，治療には時間がかかる．戦前は死亡順位のトップだったが，抗生物質の出現で激減した．しかし近年感染者が増え，学校や職場での集団感染も頻発している．耐性菌（115頁のコラム参照）も確認されている．

13·3　細菌のもつゲノム以外の遺伝要素

13·3·1　大腸菌：最もよくわかっている生物

大腸菌はヒト大腸の常在菌で，中には腸炎を起こすものもあるが，多くは病原性がなく，培養が簡単なため，研究に使用される．ゲノム（464万塩基対のDNA）DNAの配列はすべて解読されており，約4300個の遺伝子をもつ．ファージやプラスミド（次頁参照）を使うことにより，さまざまな遺伝学的実験や遺伝子機能の研究が可能である．

13·3·2　バクテリオファージ

細菌に感染し，細菌を殺すウイルスを**バクテリオファージ**（あるいは単に**ファージ**）という（図13·3）．大腸菌には多くのファージが存在し，ゲノムも線状DNA，一本鎖で環状DNA，そしてRNAとさまざまである．オタマジャクシのような形で，内部にゲノム核酸が入っている．遺伝子数は数十個程度である．感染後遺伝子が菌体に注入され，ゲノムの複製，遺伝子発現が起こり，1時間程度で数百個の子ファージが細胞を破って出てくる（⇒ 細胞は死ぬ）．

13·3·3　ファージと細菌のゲノムが一体化する溶原化

ある種のファージ（ラムダファージなど）は感染後ファージDNAが大腸菌ゲノムに入り，**溶原化**という休眠状態になる．溶原化している細菌を熱すると（溶原化を保つタンパク質が変性する）ファージDNAがゲノムから切り出され，またファージとして増える．

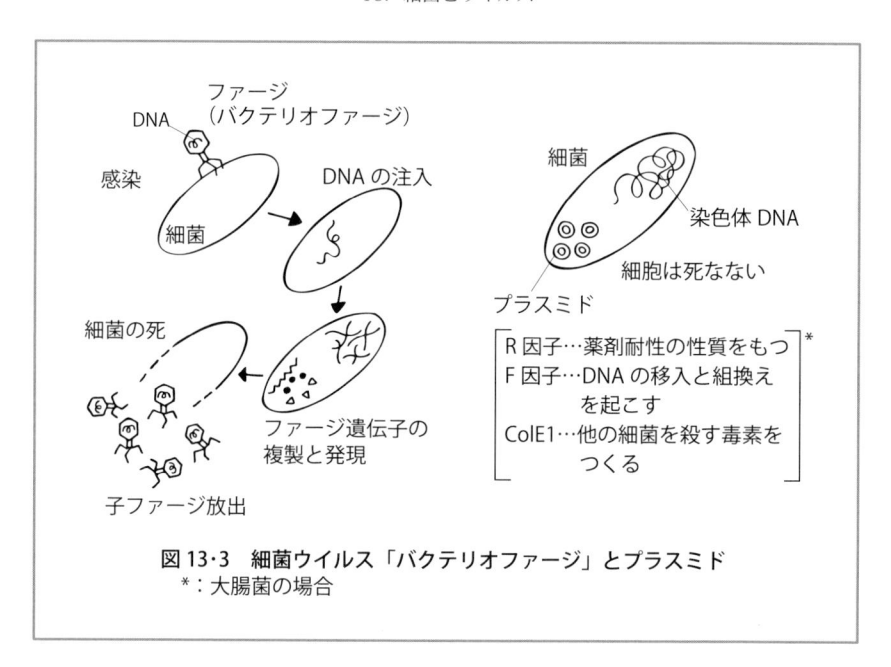

図 13・3　細菌ウイルス「バクテリオファージ」とプラスミド
　＊：大腸菌の場合

13・3・4　プラスミド

細胞の中にある染色体外の小さな核酸(主に DNA)を**プラスミド**という(図13・3).細胞からほかの細胞へ移ることができ,複製のための配列と少数の遺伝子をもつ.細胞は殺さず,細胞に役立つ遺伝子があるため,細胞と共存できる.大腸菌にもいくつかのプラスミドがある.F プラスミド(F 因子)は染色体を別の大腸菌に移動させ,組換えを起こさせる.DNA を注入する方を雄菌,注入される方を雌菌というように,細菌に性(稔性：fertility)の性質を与える.

また,ペニシリンなど,細菌を殺す薬(抗生物質)に抵抗する(resistance)遺伝子をもつ R プラスミド(R 因子)というものも存在する.もっている薬剤抵抗性遺伝子の種類により,何種類かのものがある.

13・3・5　DNA 上を動き回るトランスポゾン

ある DNA 中からほかの DNA に移動する(転移する),**トランスポゾン**という小さな DNA(数百・数千塩基対)が存在する.転移に必要な酵素(トラ

ンスポザーゼ）の遺伝子と，薬剤耐性遺伝子をもつ（下記のコラム参照）．トランスポザーゼのみをもつより小さな DNA として挿入配列（IS）というものがある．ミュー（Mu）ファージというファージはトランスポゾン様構造をもち，感染後ゲノムに転移する（注：このため突然変異を起こす．Mu は **mu**tator〔突然変異誘発因子〕という語句から由来する）．

> **Column**
>
> ### 細菌感染症と薬のイタチごっこ
> 細菌は薬から自己を守ろうとして R プラスミドを利用する．抗生物質が効かなくなると新薬が開発されるが，まもなくその薬に対する新しい抵抗性プラスミドが出現し，耐性菌が環境に広まる．R プラスミド中の薬剤抵抗性遺伝子はトランスポゾンにより運ばれてプラスミドに入るが，この機構により，多くの薬に抵抗性の性質を与える多剤耐性プラスミドが生成される．多剤耐性プラスミドをもつ細菌は，たとえ病原性が弱くても薬は効かない．MRSA，VRE，多剤耐性緑膿菌などの耐性菌がとくに問題視されている．

解説　利己的 DNA
トランスポゾンはゲノムと関係なく勝手に (selfish：利己的) 複製したり，移動したりするため，利己的 DNA という解釈がなされている．

13·3·6　真核生物にも多くのトランスポゾンがある

真核生物にも多くのトランスポゾンがある．アサガオの花やトウモロコシの種がマダラになる現象は，ゲノムに入り込んだトランスポゾンの転移状況が異なることによって起こる（注：色素にかかわる遺伝子の近傍に転移するために起こる現象）．真核生物のゲノム中にある散在性反復配列は（59 頁参照）トランスポゾン様構造をもつ．レトロウイルスゲノムに類似した構造のトランスポゾンはレトロ（トランス）ポゾンという．

13・4　ウイルス：生物か無生物か？

13・4・1　ウイルスとは

ウイルスはゲノムとして DNA か RNA の一方をもち，それがタンパク質の殻で保護されている．DNA ウイルスにはアデノウイルスやヘルペスウイルス，RNA ウイルスにはインフルエンザウイルスやポリオ（小児まひ）ウイルスなどがあるが，ほとんどが病気から発見された（表 13・1）．細胞をもたず，自分自身の力で増えることができないため，厳密には生物とはいえない．粒子は細菌の 10 分の 1 から 100 分の 1 という大きさで，電子顕微鏡でなければ見えないほど小さい．

表 13・1　ヒトに感染するさまざまなウイルス

DNA ウイルス	RNA ウイルス
ヘルペスウイルス	小児まひ（ポリオ）ウイルス
アデノウイルス	インフルエンザウイルス
天然痘ウイルス	日本脳炎ウイルス
B 型肝炎ウイルス	狂犬病ウイルス
パピローマウイルス	エイズ（AIDS）ウイルス
	はしかウイルス

13・4・2　ウイルスの増殖

ウイルスは細胞をもたず，遺伝子の数も数個～数十個と少ないため，複製や遺伝子発現のためには，多様な反応にかかわる多くの細胞性因子や酵素が必要となる．感染後 DNA が複製され，同時に転写とそれに続く翻訳が起こる．この間，細胞内にはウイルス粒子は見られない．やがてウイルスのタンパク質ができると，それがゲノムを包み，大量のウイルス粒子が形成され，数時間後には細胞を殺して外に出る．生きた細胞の中でしか増えることができないのは上のような理由による．ウイルスに対する特効薬をつくりにくいのも，ウイルスの増殖を抑えようとすると，細胞の活動も抑えてしまうという理由による（注：ただし，ウイルスにしかないタンパク質を標的にする薬は特効薬となりうる．例：インフルエンザウイルス薬のタミフル）．RNA ウイルス

には，ウイルス由来酵素により，RNAを鋳型にしてDNAを合成するという特殊な過程がみられる．

ウイルスの中には細胞の増殖性を高め，癌化してしまうものがある（94頁参照）．動物の癌や白血病（血液の癌）の多くはウイルスにより起こり，ヒトに感染するウイルスの中にも癌を起こすものがいくつかある（例：パピローマウイルス〔子宮癌〕，成人T細胞白血病ウイルス：HTLV-1〔白血病〕）．

> **演習** 病原性微生物を殺すこと，通常状態の微生物を殺すこと，すべての生命体を死滅させることをそれぞれ何というか．それぞれの方法について，代表的な例をいくつかあげなさい．また，酢を加えると食べ物は腐りにくいが，これはなぜか．

14 バイオ技術：分子や個体の改変と利用

　バイオ技術の中で，DNAの電気泳動や塩基配列分析は基本的なものである．PCRはDNA断片を短時間に大量に増やす技術で，さまざまな応用例がある．RNAを検出する方法には，ノザン法から網羅的なDNAマイクロアレイ法までいろいろなものがある．タンパク質の検出は抗体で行い，電気泳動と質量分析とバイオインフォマティクスを組み合わせると，プロテオーム解析も可能である．個体を用いる技術には遺伝子導入動物や遺伝子組換え食品があり，医療の現場では体細胞を標的とする遺伝子治療が実施されている．

14・1　分子生物学の基礎技術

14・1・1　DNAを電気で分ける：電気泳動

　DNAはマイナスの電気を帯びているため（注：RNAも同様），電圧をかけた場所に置くとプラス側に移動する（同じ電気は反発し，異なる電気は引き合うため）．そのため，寒天のような水分を含んだ柔らかい物質（＝このようなものをゲルという）中にDNAを入れて電圧をかけると，DNAはプラス側に移動する．この技術を**電気泳動**という（注：タンパク質も電気を帯びているので，類似の方法が使える）．

　ゲルは網目様構造をもつため（注：移動に関し抵抗がかかるので），小さなものほど早く動く．この原理を利用し，DNAを長さで分けることができる．ゲルの種類を工夫すると，1塩基の違いのDNAも分離できる．電気泳動後のDNAは，専用の染色液（例：DNAに結合し，紫外線を受けると光を放つエチジウムブロマイドなど）で染めて検出する．

14・1・2　塩基配列を解析する

　一般に利用される塩基配列決定法は，**ジデオキシ法**を用いている．DNA

合成反応のときに，アデニン／グアニン／シトシン／チミン（AGCT）の4種類の塩基を含むそれぞれのジデオキシヌクレオチド（ddNTP）を，通常の基質（デオキシヌクレオチド：dNTP）とともにわずかだけ加える．ddNTPはDNA合成反応に取り込まれるが，次のヌクレオチドは付かない（つまり合成がそこで止まる）．たとえば，Aの反応ではAで止まったDNAが，反応が早く止まったところから遅く止まったところまで，いろいろできる（dNTPに対しddNTPを少しだけ加えるのがコツ）．

AGCTそれぞれの反応物を電気泳動で分離し，泳動におけるDNAの位置を短いDNAの順に見れば，DNA配列が読み取れる．読み取りはDNAに蛍光分子を付け，レーザーを当てて検出する方法が一般的になっている．

放射能を出す分子をDNAに取り込ませる方法もある．現在，異なる原理による解析法も開発されており，いずれ塩基配列解析の大量・高速化時代が来ると期待される．

14・1・3　PCR：試験内でDNAを増やす

DNAを簡単に増やすことができれば，さまざまなメリットが生まれる．DNAを試験管内で増やすとき，元（鋳型となる）DNAのほかに加えるものは，4種類の基質ヌクレオチドと酵素（DNAポリメラーゼ），そして合成をスタートさせるためのプライマーDNA（短い一本鎖核酸で鋳型に相補的に結合する）である（31頁参照）．

DNA合成の前にまず鋳型を熱して変性（一本鎖にする）させ，そこにプライマーを加え，冷やしてから酵素と基質を加えて合成を進める（⇒ これでDNAは2倍になる）．DNAをさらに倍にするには，すでに試薬が入っているので，試験管を再度「加熱 - 冷却 - 酵素によるDNA合成」という操作を行えばよい（⇒ これでDNAは4倍になる）．しかし一般の酵素は熱に弱いため，酵素は冷えてからその都度追加しなくてはならないという不便があった．その後，熱に安定な酵素が発見されると（耐熱性細菌から見つかった），その酵素を最初に加えておくだけで，あとは温度を上下させるだけでDNAを増やせることがわかった（図14・1）．

1千万倍〜数百億倍に増えたDNAは，電気泳動で分離・検出することが

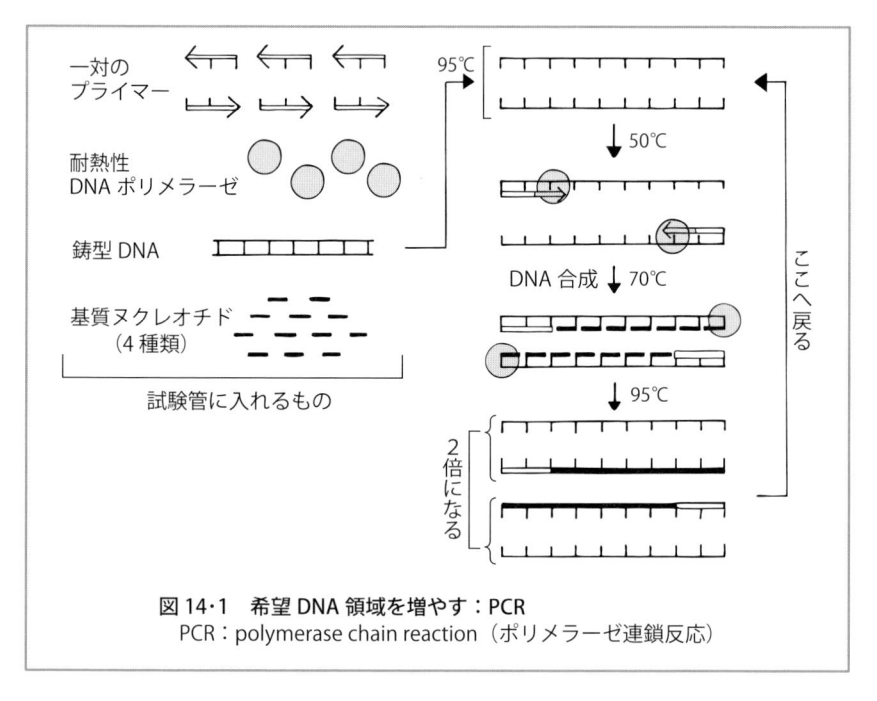

図14・1　希望DNA領域を増やす：PCR
PCR：polymerase chain reaction（ポリメラーゼ連鎖反応）

できる．この方法は **PCR**（**p**olymerase **c**hain **r**eaction: ポリメラーゼ連鎖反応）といい，遺伝子組換え操作なしにDNAを増やすことのできる画期的なものである．一対のプライマーをどこに設定するかで，増やしたいDNAの範囲を決めることができる．この技術により，特定DNAを簡単かつ大量に扱えるようになり，またDNAの定量もできるため，研究は大きく発展した．ある遺伝子が有るか無いかや，その遺伝子が変異しているかどうかの判定，DNAの多型（次頁のコラム参照）に基づく親子鑑定や病気の診断など，その応用の幅が広がっている．

14・1・4　遺伝子発現を調べる

a. RT-PCR ＜RNAをDNAに換えてから増やす＞：RNAを検出するのは意外に難しい．そこで遺伝子発現を解析する（RNAを解析する）場合には，まずRNAを一度 逆転写酵素によってDNAにし，後はそのDNAをPCRで定量する．**逆転写**（**R**everse **T**ranscription）を利用してRNAを間接的に定量するこの方法を，**RT-PCR** という．

> **Column**
>
> 遺伝子多型
>   遺伝子の個体間比較において，遺伝子の内部にみられるわずかな DNA 塩基配列の不一致を，遺伝子多型という．重要性の低い部分ほど多型を示しやすい．サテライト DNA（反復配列の一種〔59 頁参照〕）は多型を生じやすく，家系調査や犯罪捜査に使われる．

b. ノザン [Northern] 法＜膜にしみ込ませる方法＞：RNA を電気泳動で分離した後，膜に移して固定させ，そこに調べようとする配列を含む DNA を加えて，ハイブリダイゼーション（核酸を相補性に基づいて結合させること）させる．DNA には何らかの方法で目印を付ける（例：色素や放射能．こういう操作で用いるこの検知用 DNA を**プローブ**という）．膜上のプローブの位置や量から，RNA の量や長さを知ることができる．

c. DNA アレイ法＜網羅的解析法＞：上の方法では，1 回の実験で 1 種類の遺伝子しか調べることができなかったが，多くの遺伝子を 1 回の実験で解析する技術が開発された．この場合は，まずガラス板に個々の遺伝子 DNA を小さなスポット状に付ける．うまくやれば，1 枚のガラスに数千個の遺伝子を細かな点として付けられる．このように，列（アレイ）に沿って多数の DNA を付けたものを，**DNA アレイ**という．作成したアレイに細胞 RNA を元に作成した標識 DNA を加え，ハイブリダイゼーションによって結合しているスポットの位置（＝ DNA）を決める（注：マイクロアレイ解析では，通常プローブといわれる方を基板につける）．

14・1・5　タンパク質に関する手法

a. ウエスタン法：抗体は抗原と特異的に結合するので（102 頁参照），タンパク質に対する抗体を用いて目的タンパク質を検出することができる．タンパク質（電気泳動で分離し，膜にしみこませておく）に抗体を作用させ，次に抗体に対する抗体（**二次抗体**．例：ウサギでつくった抗体であれば，二次抗体はウサギの血清タンパク質をヤギなど別種動物に接種してつくる）を

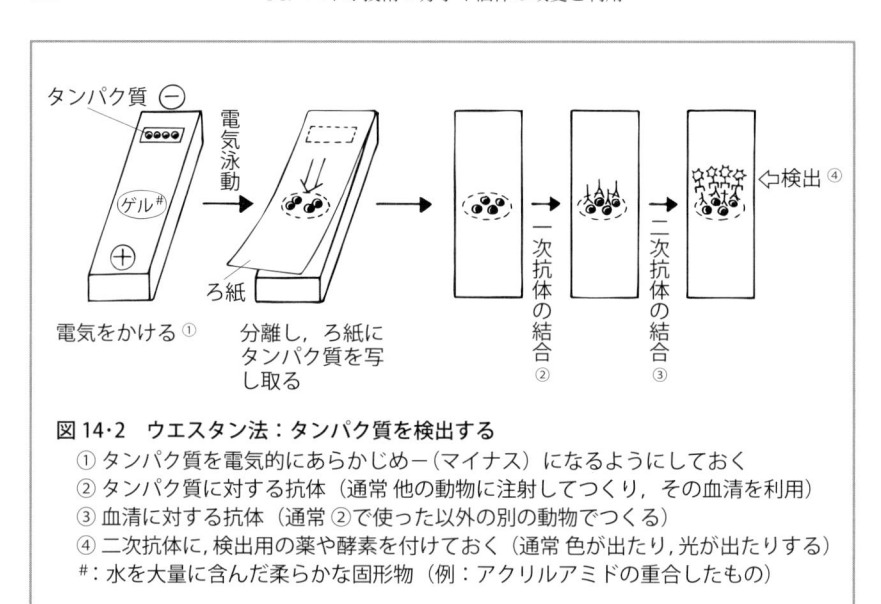

図14・2　ウエスタン法：タンパク質を検出する
① タンパク質を電気的にあらかじめ−（マイナス）になるようにしておく
② タンパク質に対する抗体（通常 他の動物に注射してつくり，その血清を利用）
③ 血清に対する抗体（通常 ②で使った以外の別の動物でつくる）
④ 二次抗体に，検出用の薬や酵素を付けておく（通常 色が出たり，光が出たりする）
#：水を大量に含んだ柔らかな固形物（例：アクリルアミドの重合したもの）

作用させる．二次抗体に適当な検出用試薬を結合させ，反応があれば目で見えるような工夫をしておく（例：酵素反応により，色や光が出るようにする）（図14・2）．こうすると，タンパク質（抗原）-抗体-二次抗体という複合体が検出できることになり，結果，タンパク質のある場所がわかり，その量を推定することもできる．

b. プロテオーム解析とバイオインフォマティクス：細胞内全タンパク質（＝**プロテオーム**）解析では，まず電気泳動で数百〜数千のタンパク質を一気に分離する．個々のタンパク質を抽出して質量分析機という機械で分析すると，タンパク質のアミノ酸配列情報が断片的に得られる．次にコンピュータと遺伝子データベース（多数の遺伝子やその断片についての配列情報が貯えられている）を用いて解析すると，断片的な配列情報であっても，それが何のタンパク質なのかを決めることができる．コンピュータとデータベース，それにインターネットや解析ソフトを用いて生物情報を得る手法を，**バイオインフォマティクス（生物情報学）**といい，現代分子生物学にとって欠かせないアプローチになっている．

14・2 遺伝子組換え（組換え DNA 技術）

14・2・1 遺伝子組換えの実際

2種類（以上）の DNA 断片を酵素で連結して細胞で増やす，これが**組換え DNA** であり，その操作で使用される重要な酵素は，**制限酵素**と**連結酵素**（リガーゼ）である（図 14・3）．制限酵素は細菌がファージ（113 頁参照）から自身を守るためにもつ DNA 分解酵素で，数塩基対の決まった DNA 配列を認識して制限的（限定的）に切断する（注：酵素の種類は多様で，認識配列もさまざま）．細菌自身の DNA は切断から守られている．制限酵素を使うと，定まった DNA 断片を得ることができる．酵素で切断された DNA の端は，一本鎖部分が少し出ることが多く（図 14・3），同じ酵素で切断した DNA 同士は，相補性配列を利用して接着しやすい．こうして接着した DNA 同士は，その由来がなんであろうと連結酵素を作用させることで完全に結合させ，一つの DNA 分子に作り上げることができる．

14・2・2 組換え DNA を増やす

DNA を細胞で増やすためには，DNA が細胞内で増える性質，つまり**複製起点**をもっていなければならない．一般に組換え DNA 実験では，一つの断

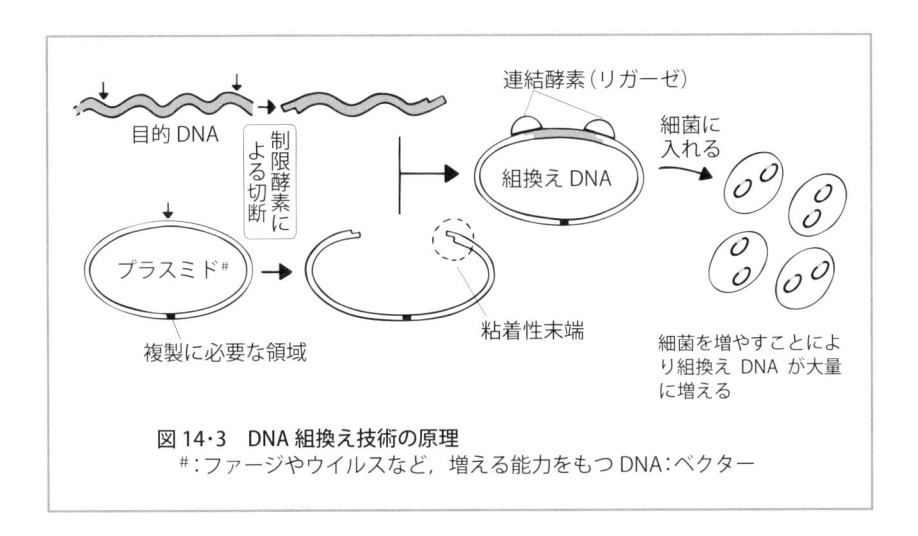

図 14・3 DNA 組換え技術の原理
#：ファージやウイルスなど，増える能力をもつ DNA：ベクター

片がこの性質をもち，目的断片をそこに挿入するという方法をとる．目的DNAを増やすためのDNAを**ベクター**（運び屋の意）というが（図14・3），一般にはプラスミドやウイルス／ファージを使う．染色体の複製起点が使われることもある．大腸菌で増えるベクターにヒトのDNA断片を組み込むと，ヒトDNAを大腸菌で増やすことができる．

目的DNAをベクターに入れて増やすことを**分子クローニング**（単にクローニングともいう）という．タンパク質合成の鋳型となるmRNAを元に逆転写酵素でDNA（cDNAという）を合成し，それを適当なベクターでクローニングすると，細胞内で組換えDNAを元にしたタンパク質生産ができる．

14・3 個体を扱う技術

14・3・1 動物を用いる場合

導入遺伝子が多細胞生物の全体に存在する個体を，**遺伝子導入生物**という．哺乳動物の場合，受精卵に導入遺伝子を注入した後，人工的に妊娠させた動物の子宮に戻して発生・出産させる．運よくこの個体の生殖細胞の染色体に導入遺伝子が組み込まれた場合，それを親として生まれた子は，全身くまなく導入遺伝子が存在する遺伝子導入動物となる．この技術は，品種改良を目的として畜産分野で用いられる．個体を扱う技術にはこのほかに，目的遺伝子領域を欠失させる**ノックアウト**という手法があり，哺乳類の遺伝子機能を調べる研究ではマウスを中心に盛んに行われている．

14・3・2 植物を用いる場合

植物の場合，適当な培養細胞に導入遺伝子を注入し，その後その細胞を培養する．培養した細胞は塊として成長するので，それを元に植物個体まで育てることができる（注：植物には分化の全能性がある〔81頁参照〕）．遺伝子組換え食品もこのようにしてつくられる．遺伝子組換え食品は保存性，増殖性，抵抗性，味覚などを高めるために，穀物や野菜で盛んにつくられている．

14・3・3 医療にかかわる技術

医療では，多くの場面で遺伝子に関連する技術が利用されており，PCRを利用した診断や感染症検査などはその典型である．組換えDNA技術で作

成した機能性タンパク質（ホルモンや酵素など）は，すでに薬として利用されている．

> **Column**
>
> クローン動物
>
> 　遺伝子との関連は直接ないが，動物の未受精卵から核を除き，そこに体細胞（＝皮膚や腸粘膜など，普通の細胞）からとってきた核を移植し，それを母体に戻して出産させる技術がある．こうして生まれた動物は体細胞クローン動物，あるいは単にクローン動物といい，すでにいくつかの哺乳動物で成功している（図14・4）．移植用核はいくらでもとれるため，未受精卵さえあれば，遺伝的に均一な動物を多数つくることができる．

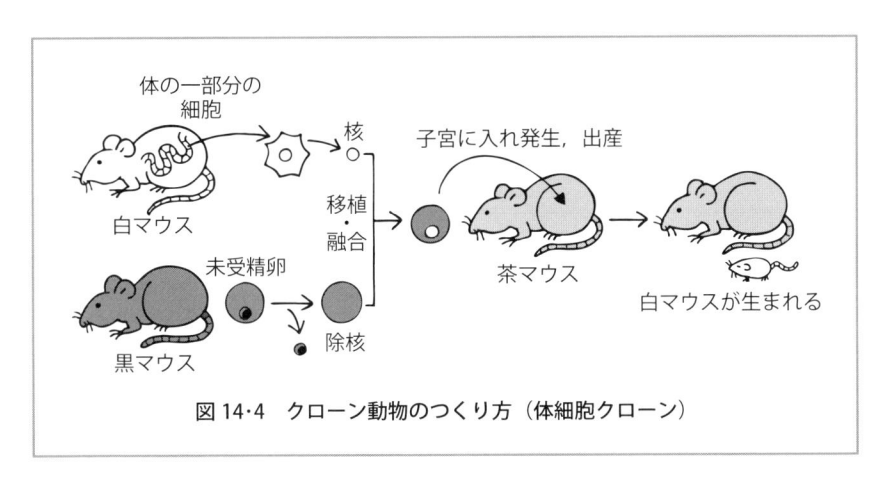

図14・4　クローン動物のつくり方（体細胞クローン）

　遺伝子に原因がある病気を根本治療する目的で，遺伝子に手を加える**遺伝子治療**という方法があり，癌治療を中心に多くの実施例がある．遺伝子導入は，単にDNAを組織に注入するものから，ウイルスベクター（前述）を感染させる方法，リンパ球を体外に出し，遺伝子操作を終えてからまた身体に戻すといった方法などがある．遺伝子治療は一定の効果はあるものの，決定的な療法になっているものはまだ少なく，ウイルスベクターが予想外の悪影響を及ぼす現象も完全には解決されていない．いかなる遺伝子治療であって

も，受精卵を操作すること（つまり遺伝子導入ヒトをつくること）は認められていない．

　遺伝子とは直接関係ないが，組織を体外で増やしたり，未分化細胞から組織をつくり，生体に戻して失われた組織を補う**再生医療**も検討されている（81頁参照）．

| 演 習 |

　遺伝子組換え操作によって，ネズミのインシュリン（タンパク質からなるホルモン）遺伝子を大腸菌で大量かつ純粋に増やすことができる．このときの手順を簡単に述べなさい．この操作を可能にしたDNA切断酵素を何というか．

参　考　書

平易な入門書．生物系以外の学生が利用することも視野に入れて作られた本
　◎石川　統 著「生物科学入門（三訂版）」裳華房（2003 年）
　◎太田次郎 著「教養の生物（三訂版）」裳華房（1996 年）
　◎東京大学教養学部理工系生命科学教科書編集委員会 編「生命科学」羊土社（2006 年）
　◎前野正夫, 磯川桂太郎 著「はじめの一歩のイラスト生化学・分子生物学」羊土社（1999 年）
　◎萩原清文 著, 多田富雄 監修「好きになる分子生物学」講談社（2002 年）

生物系学生が分子生物学の基礎を修得するための本
　◎石川　統 著「分子からみた生物学（改訂版）」裳華房（2004 年）
　◎駒野　徹, 酒井　裕 著「ライフサイエンスのための分子生物学入門」裳華房（1999 年）
　◎田村隆明 著「基礎分子生物学（改訂 3 版）」東京化学同人（2007 年）
　◎三浦謹一郎 著「分子遺伝学」裳華房（1997 年）
　◎東京大学生命科学教科書編集委員会 編「理系総合のための生命科学」羊土社（2007 年）

生物学を専攻する学生のための標準的な参考図書
　◎田村隆明, 山本　雅 編「分子生物学イラストレイテッド（改訂第 2 版）」羊土社（2003 年）
　◎東中川　徹 他編「分子生物学」オーム社（2006 年）
　◎井出利憲 著「分子生物学講義中継　Part 1」羊土社（2002 年）
　◎柳田充弘, 西田栄介, 野田　亮 編「分子生物学」東京化学同人（1999 年）

大学院〜研究者レベルの高度な専門書
　◎中村桂子 監訳「ワトソン遺伝子の分子生物学（第 5 版）」東京電機大学出版局（2006 年）
　◎石浦章一 他訳「分子細胞生物学」東京化学同人（2005 年）
　◎菊池韶彦 他訳「遺伝子（第 8 版）」東京化学同人（2006 年）

索　引

欧字

APC/C	67
ATP	18
cAMP	87
CDK	66
cDNA	124
CKI	67
DNA	15,37
DNA アレイ	121
DNA 修復遺伝子	98
DNA 損傷	34
DNA 二重らせん	28
DNA の不連続合成	31
DNA の変性	30
DNA ポリメラーゼ	31
ES 細胞	81
F 因子	114
G_1 期	64
G_2 期	65
GTP	86
G タンパク質	86
HIV-1	103
HTLV-1	95
MAP キナーゼ	88
MHC	104
miRNA	40
MPF	66
mRNA	39
M 期	65
p53	68,97
PCR	120
pH	9
PI	87
Rad51	36
Ras	87
RB	68,97
RecA	36
RNA	15,37
RNAi	44
RNA 干渉	44
RNA の成熟	44
RNA ポリメラーゼ	40
rRNA	39
RT-PCR	120
R 因子	114
SD 配列	49
S 期	64
tRNA	40

ア

アゴニスト	83
足場非依存性	93
アデニン	15
アポトーシス	70,98
アミノアシル tRNA 合成酵素	49
アミノ酸	13
アルツハイマー病	106
アレルギー	103
アンタゴニスト	83
アンチコドン	49

イ

イオン	10
――チャネル	89
移行シグナル	52
一次構造	14
遺伝	1,19
遺伝型	21
遺伝子	19
――組換え食品	124
――刷り込み	61
――増幅	61
――多型	121
――地図	36
――重複	61
――治療	125
――導入生物	124
――の再編	61
――の発現	24
――の役割	24
――ファミリー	60
遺伝物質	26
インスリン	108
イントロン	45
インプリンティング	62

ウ

ウイルス	116
ウエスタン法	121
ウラシル	15,38

エ

エイズ	103
エキソン	45
エチジウムブロマイド	118
エピゲノム	61

索引

エ
エピジェネティックス 61
塩基 15
塩基対の相補性 29
エンハンサー 42

オ
オーガナイザー 76
岡崎断片 31
オペロン 43
オルソログ 60
オンコジーン 97

カ
開始コドン 47
化学結合 11
核 5
核酸 15
獲得免疫 101
カスパーゼ 72
活動電位 89
癌遺伝子 97
癌ウイルス 94
肝炎ウイルス 95
環境ホルモン 88
還元 18
癌原遺伝子 97
幹細胞 78,80
　——ニッチ 78
感染症 112
癌の多段階説 98
癌抑制遺伝子 69,97

キ
キアズマ 36
器官 7
機能性 RNA 39,40

基本転写因子 41
逆転写 120
　——酵素 96
キャップ 44
狂牛病 53
極体 69
菌類 2

ク
グアニン 15
組換え 35
　——DNA 123
グリセリン 14
グルコース 16
クローニング 124
クローン動物 125
クロマチン 43,57
　——リモデリング 44

ケ
形質 1,19
形態形成 74
血管新生能 99
欠失変異 33
ゲノム 27,58
　——安定性 98
原核生物 3,8
原癌遺伝子 97
嫌気性細菌 110
原口 78
原子 10
減数分裂 69
原生生物 2
元素 10
原腸胚 75
限定分解 51

コ
好気性細菌 110
抗原 101
高次構造 14
校正機能 32
後生的遺伝 61
酵素 15
抗体 102
高分子 13
五界説 2
呼吸 17
古細菌 4,8
コドン 47
　——の縮重 47
コファクター 43
ゴルジ体 6
コロニー 111

サ
細菌の細胞 8
細菌類 2
サイクリン 66
再生 79
再生医療 81,126
サイトカイン 83
細胞 4
細胞間情報伝達 82
細胞質 5
細胞周期 64
細胞小器官 5
細胞性免疫 104
細胞内共生説 8
細胞内情報伝達 84
細胞培養 9
細胞壁 6

細胞膜	4	
殺菌	111	
サテライト DNA	121	
サプレッサー tRNA	50	
酸化	17	
酸素	17	
三量体 G タンパク質	87	

シ

ジアシルグリセロール	87
紫外線	34
シグナルペプチド	51
自己スプライシング	45
自己増殖	1
自己免疫病	103
脂質	14
自然選択説	23
自然免疫	101
ジデオキシヌクレオチド	119
ジデオキシ法	118
シトシン	15
シナプス	90
脂肪	14
脂肪細胞	108
脂肪酸	14
シャルガフの法則	28
終止コドン	47
修復	35
寿命	106
主要四元素	12
受容体	71,82
脂溶性リガンド	88
消毒	111
小胞体	5

初期胚	73
除去修復	35
食中毒	112
真核生物	3,8
神経興奮	89
神経細胞	89
神経伝達物質	90
神経胚	75
神経変性疾患	105
浸潤	99

ス

ステロイド	15
──ホルモン	88
ストレス応答	89
スプライシング	45

セ

生活習慣病	107
制限酵素	123
生殖系列細胞	69
生殖細胞変異	22
生体防御	100
生物の分類	2
セカンドメッセンジャー	87
世代時間	9
接触阻止	93
セリン・トレオニンキナーゼ	86
染色体	55
──の必須要素	56
選択的スプライシング	45
セントラルドグマ	24
セントロメア	56

ソ

相同組換え	35
相同染色体	55
挿入変異	33
組織	7

タ

体液性免疫	104
ダイサー	44
体細胞	69
──変異	22
代謝	15
体性幹細胞	80
大腸菌	113
多細胞生物	4
多糸染色体	57
多糖	14
ダルトン	13
単クローン抗体	104
単細胞生物	4
単純ヘルペスウイルス	95
単糖	14
タンパク質	13

チ

チェックポイント	67,100
チミン	15
──二量体	34
中心体	6
中心命題	24
チロシンキナーゼ	86

テ

低分子	13
──量 G タンパク質	87
デオキシリボース	15
デオキシリボ核酸	15
テロメア	33,56,93,107
テロメラーゼ	33,93
転移	99
電気泳動	118
電子	10
電子伝達系	17
転写調節	42
──因子	42,74
転写の制御	42
点〔突然〕変異	33,50

ト

糖	14
動原体	55,56
独立の法則	21
突然変異	22,33
トランスフォーム	93
トランスポゾン	114,115

ナ，ニ

内部細胞塊	80
ナンセンスコドン	48
ナンセンス変異	50
ニューロン	89

ヌ，ノ

ヌクレオソーム	57
ヌクレオチド	15,38
ノザン法	121
ノックアウト	124

ハ

パーキンソン病	106
胚	73
バイオインフォマティクス	122
配偶子	19
胚性幹細胞	81
培地	111
ハイブリダイゼーション	30,121
胚葉	75
バクテリオファージ	113
発癌物質	94
パピローマウイルス	95
パフ	57
パラログ	60
反復配列	59
半保存的複製	30

ヒ

ヒストン	43,57
微生物	109
非相同組換え	36
非対称分裂	78
ビタミン	84
肥満	108
表現型	21

フ

ファージ	113
フォスファチジルイノシトール	87
複製起点	31,56
複製のライセンス化	68
不死化	91
ブドウ糖	16,108
プライマー	31
プラスミド	114
プリオン	53
フレーム	48,51
プローブ	121
プロテアソーム	52,67
プロテインキナーゼ	86
──A	87
──C	87
プロテオーム	54,122
プロトオンコジーン	97
プロモーター	41
分化	73
分化の全能性	80
分子	11
分離の法則	20

ヘ

ベクター	124
ペプチド	50
──結合	13
変異原	34

ホ

胞胚	74
母性因子	77
母性効果遺伝子	77
ホメオティック遺伝子	77
ホメオボックス	77
ホモログ	60
ポリ A 鎖付加	44
ホリデイ構造	36
ホルモン	83

翻訳	46

マ, ミ, ム

マイクロ RNA	40
ミスセンス変異	50
ミトコンドリア	6,8,16
無機物	12
無糸分裂	110

メ, モ

メタボリックシンドローム	108
滅菌	111
免疫	100
免疫不全	103
メンデルの法則	20
モータータンパク質	6

ユ

有機物	12
有糸分裂	110
優性の法則	20
ユニーク配列	59
ユビキチン	52

ヨ

溶原化	113
葉緑体	6,8
予定細胞死	71
読み枠	48,51

ラ, リ

卵割	74
リーディングフレーム	48
リガンド	71,82
リソソーム	54
リプレッサー	43
リボース	15,38
リボ核酸	15
リボザイム	40
リボソーム	5
リン酸	15
──化	86
リン脂質	15

レ

レチノイン酸	88
レトロウイルス	96
連結酵素	123
連鎖	36

ロ, ワ

老化	106
ワクチン	102

著者略歴
田村　隆明
たむら　たかあき

- 1952 年　秋田県に生まれる
- 1974 年　北里大学衛生学部卒業
- 1976 年　香川大学大学院農学研究科修士課程修了
- 1977 年　慶応義塾大学医学部助手
  - この間，医学博士取得（1983 年），1984 年～1986 年（仏）ストラスブール第一大学生化学研究所博士研究員
- 1986 年　岡崎国立共同研究機構基礎生物学研究所助手
- 1991 年　埼玉医科大学助教授
- 1993 年　千葉大学理学部教授
  - 現在同大学大学院理学研究科教授

主な著書
- 「新 転写制御のメカニズム」（羊土社，2000 年，単著）
- 「基礎分子生物学」（東京化学同人，2002 年，共著）
- 「分子生物学イラストレイテッド」（羊土社，2003 年，共編）
- 「KEY CONCEPT 分子生物学」（南山堂，2005 年，共著）
- 「分子生物学超図解ノート」（羊土社，2006 年，単著）

コア講義　分子生物学

2007 年 9 月 10 日　第 1 版発行
2016 年 2 月 20 日　第 1 版 4 刷発行

検印省略

定価はカバーに表示してあります．

著作者	田　村　隆　明
発行者	吉　野　和　浩
発行所	東京都千代田区四番町 8-1 電　話　(03)3262-9166～9 株式会社　裳　華　房
印刷製本	壮光舎印刷株式会社

社団法人 自然科学書協会会員

JCOPY 〈(社)出版者著作権管理機構 委託出版物〉
本書の無断複写は著作権法上での例外を除き禁じられています．複写される場合は，そのつど事前に，(社)出版者著作権管理機構（電話 03-3513-6969，FAX 03-3513-6979，e-mail: info@jcopy.or.jp）の許諾を得てください．

ISBN 978-4-7853-5213-4

© 田村隆明，2007　　Printed in Japan

生物科学入門（三訂版） 　　石川　統 著　　本体2100円＋税	コア講義　生物学 　　田村隆明 著　　本体2300円＋税
新版　生物学と人間 　　赤坂甲治 編　　本体2300円＋税	ベーシック生物学 　　武村政春 著　　本体2900円＋税
ヒトを理解するための　生物学 　　八杉貞雄 著　　本体2200円＋税	人間のための　一般生物学 　　武村政春 著　　本体2300円＋税
ワークブック　ヒトの生物学 　　八杉貞雄 著　　本体1800円＋税	図説　生物の世界（三訂版） 　　遠山　益 著　　本体2600円＋税
生命科学史 　　遠山　益 著　　本体2200円＋税	エントロピーから読み解く　生物学 　　佐藤直樹 著　　本体2700円＋税
医療・看護系のための　生物学 　　田村隆明 著　　本体2700円＋税	医薬系のための　生物学 　　丸山・松岡 共著　　本体3000円＋税
理工系のための　生物学（改訂版） 　　坂本順司 著　　本体2700円＋税	分子からみた　生物学（改訂版） 　　石川　統 著　　本体2700円＋税
多様性からみた　生物学 　　岩槻邦男 著　　本体2300円＋税	細胞からみた　生物学（改訂版） 　　太田次郎 著　　本体2400円＋税
イラスト　基礎からわかる　生化学 　　坂本順司 著　　本体3200円＋税	図解　分子細胞生物学 　　浅島・駒崎 共著　　本体5200円＋税
ワークブックで学ぶ　ヒトの生化学 　　坂本順司 著　　本体1600円＋税	コア講義　分子生物学 　　田村隆明 著　　本体1500円＋税
コア講義　生化学 　　田村隆明 著　　本体2500円＋税	ライフサイエンスのための　分子生物学入門 　　駒野・酒井 共著　　本体2800円＋税
よくわかる　スタンダード生化学 　　有坂文雄 著　　本体2600円＋税	コア講義　分子遺伝学 　　田村隆明 著　　本体2400円＋税
バイオサイエンスのための　蛋白質科学入門 　　有坂文雄 著　　本体3200円＋税	ゲノムサイエンスのための　遺伝子科学入門 　　赤坂甲治 著　　本体3000円＋税
しくみからわかる　生命工学 　　田村隆明 著　　本体3100円＋税	新　バイオの扉　未来を拓く生物工学の世界 　　高木 監修・池田 編集代表　　本体2600円＋税
微生物学　地球と健康を守る 　　坂本順司 著　　本体2500円＋税	しくみと原理で解き明かす　植物生理学 　　佐藤直樹 著　　本体2700円＋税

◆ 新・生命科学シリーズ ◆

動物の系統分類と進化 　　藤田敏彦 著　　本体2500円＋税	動物行動の分子生物学 　　久保・奥山・上川内・竹内 共著　　本体2400円＋税
植物の系統と進化 　　伊藤元己 著　　本体2400円＋税	脳　分子・遺伝子・生理 　　石浦・笹川・二井 共著　　本体2000円＋税
動物の発生と分化 　　浅島・駒崎 共著　　本体2300円＋税	植物の成長 　　西谷和彦 著　　本体2500円＋税
ゼブラフィッシュの発生遺伝学 　　弥益　恭 著　　本体2600円＋税	植物の生態　生理機能を中心に 　　寺島一郎 著　　本体2800円＋税
動物の形態　進化と発生 　　八杉貞雄 著　　本体2200円＋税	動物の生態　脊椎動物の進化生態を中心に 　　松本忠夫 著　　本体2400円＋税
動物の性 　　守　隆夫 著　　本体2100円＋税	遺伝子操作の基本原理 　　赤坂・大山 共著　　本体2600円＋税
	（以下　続刊）

裳華房ホームページ　http://www.shokabo.co.jp/　　2016年2月現在